南京创新型科普图书

水墨话本草

顾　薇　张晓东 ◎ 著

黄　健 ◎ 绘

南京大学出版社

图书在版编目（CIP）数据

水墨话本草 / 顾薇，张晓东著；黄健绘. -- 南京：
南京大学出版社,2025.8. -- ISBN 978-7-305-28427-4

Ⅰ. R281-49

中国国家版本馆 CIP 数据核字第 20242A48J9 号

SHUIMO HUA BENCAO
水 墨 话 本 草

出 版 发 行	南京大学出版社	
社　　　址	南京市汉口路 22 号	
邮　　　编	210093	
项 目 人	石　磊	
出 版 统 筹	洪　洋	

著　　　者	顾　薇　张晓东	
绘　　　者	黄　健	
责 任 编 辑	洪　洋　杨天齐	
装 帧 设 计	观止堂_未　氓	
图 鉴 摄 影	钱　涛	

印　　　刷	南京凯德印刷有限公司
开　　　本	718mm×1000mm　　1/16 开
印　　　张	12.5
字　　　数	236 千
版　　　次	2025 年 8 月第 1 版
印　　　次	2025 年 8 月第 1 次印刷
I S B N	978-7-305-28427-4
定　　　价	88.00 元

网址 http://www.njupco.com
官方微博 http://weibo.com/njupco
官方微信 njupress
销售咨询热线 （025）83594756

编委会

序一

让本草走进生活

中医药理论体系与实践经验凝聚了中华儿女数千年来的智慧，而其国际化与现代化离不开公众的理解与认同。在面临全球化浪潮与现代化进程双重激荡的当下，如何让典籍中的经验与智慧，转变为可触可感的健康方案，成为助推传统医学向现代转型的关键命题。

南京大学出版社出版的《水墨话本草》一书，从本草的"四气五味"谈起，将晦涩的中医基础理论转化为生动的生活话语——石膏如"凉水灭火"，肉桂似"冬日暖炉"，麻黄根与麻黄茎为"同根异质"，寥寥数语让阴阳平衡的哲学跃然纸上。以"酸如青梅""辛似肉桂"等日常意象，将五味入五脏的抽象理论化作舌尖可感的滋味，既不失严谨，又充满烟火气。这种"以今释古"的巧思，记录着人与自然和谐共生的哲学思考。

展现形式上，该书融合水墨丹青与本草文化两大国粹，用水墨丹青的虚实相生表达本草的刚柔并济，这种"以画载道"的创作方式，既是对传统文化的致敬，亦是对科学传播的创新。如今，全球天然药物研究日益受到重视，期待这部作品能成为帮助大众走进本草世界的津梁，激发更多人对中医药的兴趣与信任，为人类健康事业贡献独特的东方智慧。

中国工程院院士

序二

一场传统医学与现代文明的对话

数年前的一个夏日午后，梧桐摇曳，茶香氤氲。我们谈起中医药文化的当代困境：有人认为其"不科学"，有人因晦涩术语而却步……这些或许均源于现代还原论思维与中医整体观之间的认知鸿沟。然而，若中医药中的阴阳五行被视作玄学，世人又如何能理解"四气五味"中蕴藏的生命智慧？

那一刻，我们萌生了编撰《水墨话本草》的初心：用当代人能共情的语言与意象，架起传统医药与现代科学的桥梁；以水墨丹青勾勒本草风骨，用生活类比阐释药理。

当我们用"玫瑰卤子治愈宝玉"的文学典故来介绍药性，以"饺子里的膳食宝塔"来解析生活中的中医药智慧，甚至将"粪便入药"的冷知识化为趣味科普，在读者眼中，中医药将不再是一串串冰冷的术语。

《水墨话本草》的成书之路远比设想坎坷。2020年，本书作为南京市科协创新型科普图书立项。然而，不久后一些现实困难让团队成员四散，组稿会议常在凌晨的跨国视频中进行。参与组稿工作的孔若琳同学的一句话让我记忆犹新，她说："我想找到传统医学与现代文明对话的语法。"

正是这般执着，支撑着我们完成数十轮文稿修订，最终将国画家黄健老师精心绘制的百余幅水墨丹青与严谨的药学知识熔铸成册。

今时今日，世界卫生组织已将中医药纳入全球医学纲要，针灸也已成为许多国家的常用疗法。我们不仅是在解读草木金石，更是在追溯一个民族认知生命、对话自然的古老智慧。当青黛从眉黛染料转变为凉血消斑的良药，当冬虫夏草在科学与传说中书写生命的奇迹，中医药早已超越治病之术，成为中华文明"道法自然"的生动注脚。

南京中医药大学　顾勰

序三

丹青妙笔绘本草，药香墨韵两相映

中药在我国源远流长，有着自身独特的理论基础和应用规律。古人对药物的认识往往始于"形色气味"。因为中药多是禀天地之气所生，即所谓"天地赋形，不离阴阳，形色自然，皆有法象"，所以传统中药惯以"药象"释理以说明药物的作用特性。

譬之荷叶，古代医家言："其色青，其形仰，其中空，其象震（震仰盂）。感少阳甲胆之气……裨助脾胃，而升发阳气。"荷叶色青，类于五行"木"所代表的颜色；其形象似仰盂（开口向上的器皿），类于震卦，表示一种向上、向外的趋势。因此，荷叶被认为入肝经，具有升发清阳的功效。这便是典型的中药"药象"思维。

又比如："皮以治皮，节以治骨，核以治丸，子能明目，藤蔓者治筋脉，血肉者补血肉，各从其类也。"中医常常用白鲜皮、桑白皮、地骨皮等治疗皮肤病；用鸡血藤、忍冬藤、首乌藤等治疗经络痹阻之疼痛痉挛。凡此种种皆属于"比类取象"，以象类药、释药、用药的范例。

诚然，中药的"药象"并非局限在具象的形象上，更多的可能是抽象意义的提取，是一种用于说理的象征符号。然而，中药之于人的第一印象却总是"所见于外，可阅者"的直观之象。

水墨画是中国画的代表。它不仅关注形貌的肖似，更着意于气韵的流露、意象的表达，所崇尚的是一种意境之美的营造。通过水墨画"形"的勾勒与"神"的凝练来展现中药外在的形象与内在的神韵，可谓相得益彰。本书的创意正是源于此。书中一幅幅形神兼备的水墨丹青，犹不啻一味味良药。可阅其形，可察其性，可明其用，进而能够去感悟本草的不言之美，去领会中药传承千年的济世智慧。

愿读者们尽心徜徉于这一场美妙的本草视觉之旅，观象达意，身心俱佳。

南京中医药大学　张曦文

目录

什么是本草

本草是药，它是中药的统称，"本草"一词始见于《汉书》；本草非药，它藏在生活的各个角落，许多是家里常备的食材，如红枣、山药、薏苡仁。

本草是草，约87%的中药来源于植物；草非本草，全球几十万种植物中仅有1万多种为中药，其中常用药约为3 000种。

本草的种类大致可以分为植物、动物和矿物类药物。

植物类药物自不必多说，我们平日里喝的枸杞菊花茶、吃的山药薏苡仁粥、用的小柴胡颗粒等，都来源于草木药材。本书所谈的本草，也是以草木类药物为主。

矿物类药物自先秦时期就开始用于临床，常见的有朱砂、磁石、石膏等。

动物类药物在我国历史悠久，早在《山海经》中就有麝、鹿、犀、熊、牛等药用动物的记载。如今，动物药是中药抗肿瘤复方中的常用药物，比如蜈蚣、全蝎、土鳖虫等。

有意思的是，"一方水土养一方人"这句俗语也适用于本草。优质的本草总是产自具有特定自然条件和生态环境的区域内，这也是中医药中常说的"道地药材"的由来。

中医药从神农尝百草开始，几千年来不断传承发展，凝聚着中华民族的伟大智慧。本书从本草理论出发，将带你一起揭开本草的神秘面纱，感受中医药文化的博大精深。

中药王国
的成员

中药，是中国人千百年来经验与智慧的集大成者，陪伴着中华民族走过历史的漫漫长河，成为守护中华儿女繁衍生息的良方。

中药主要来源于天然药及其加工制品，除了草、木、果、菜、谷等植物类药材，还有虫、鳞、介、禽、兽等动物类药材，以及玉石、金属等矿物类药材。由于中药以植物来源居多，故有"诸药以草为本"的说法，历代医家习称其为"本草"，并沿用至今。我国古代的本草书籍浩如烟海，如《神农本草经》《本草经集注》《食疗本草》《救荒本草》……其中又以明代李时珍先生所著的《本草纲目》为翘楚。今天，我们就跟随着时珍先生的步伐来认一认生活中常见的本草。

⑤ 植物来源的本草

　　本草的含义十分广泛，但最常见的是草木。时节变换，草长花开，周而复始，生生不息。植物来源的本草承担着治病救人的责任，回归生活时还带着浓郁热烈的人间烟火气。

（一）草部

　　李时珍在《本草纲目》草部的序言中写道："天地造化而草木生焉。"草部共收载了六百余种可供药用的草属植物，是《本草纲目》一书中最为庞大的部分。

　　早春开得热闹的连翘，先开花后长叶，满枝金黄，有诗赞道"千步连翘不染尘，降香懒画蛾眉春"。连翘是春天颇具代表性的观赏植物，连翘叶是久负盛名的茶品原料，俗称"连茶"；连翘果则是清热解毒、消结排脓的佳品，被誉为"疮家圣药"，其治疗热毒疮疡的效用首屈一指。夏日，"出淤泥而不染，濯清涟而不妖"的莲因高洁品格被文人墨客吟咏，而《神农本草经》则记载了莲药用保健的功效，其药、食皆可的实用价值在栽培推广的过程中被不断挖掘。时至今日，莲子、莲房、莲须、莲子心、荷叶、藕节等均可入药，与莲相关的食文化更是丰富多彩，比如莲子银耳羹、荷叶粉蒸肉、桂花糖藕等，堪称"舌尖上的莲花"。秋天盛放的花草属菊花最有名，白居易盛赞道"耐寒唯有东篱菊，金粟初开晓更清"。除了其不畏严寒的品格，菊花平肝明目、清热解毒的功效亦是惹人关注。饮一杯清苦含香的菊花茶，面对繁杂工作的"火气"都要下降不少。金银花别名忍冬，陶弘景云"藤生，凌冬不凋，故名忍冬"，李时珍曰"忍冬……三四月开花……花初开者，蕊瓣俱色白；经二三日，则色变黄。新旧相参，黄白相映，故呼金银花"。金银花清热解毒的效用现已广为人知，忍冬藤的解毒作用不及金银花，但长于祛风通络。

春去秋来，夏末冬至，这些本草在时间的流逝里消长，在日常生活的各个角落等着一场与我们的邂逅。

金银花

◎ 来　　源：本品为忍冬科植物忍冬的干燥花蕾或初开的花。

◎ 采　　制：夏初花开放前采收，干燥。

◎ 性味归经：甘，寒。归肺、心、胃经。

◎ 功　　能：清热解毒，疏散风热。

连翘

◎ 来　　源：本品为木樨科植物连翘的干燥果实。
◎ 采　　制：秋季果实初熟尚带绿色时采收，除去杂质，蒸熟，晒干，习称"青翘"；果实熟透时采收，晒干，除去杂质，习称"老翘"。
◎ 性味归经：苦，微寒。归肺、心、小肠经。
◎ 功　　能：清热解毒，消肿散结，疏散风热。

菊

◎ 来　　源：本品为菊科植物菊的干燥头状花序。
◎ 采　　制：9 月至 11 月花盛开时分批采收，阴干或焙干，或熏、蒸后晒干。药材按产地和加工方法不同，分为"亳菊""贡菊""怀菊"等。
◎ 性味归经：甘、苦，微寒。归肺、肝经。
◎ 功　　能：散风清热，平肝明目，清热解毒。

（二）木部

"木"是植物，具有"曲直"的特性。在传统中医理论中，具有生长、升发、舒畅、调达性质的事物或现象，被认为与木部植物的特性相合。

李时珍在《本草纲目》中根据植物特性做了简单分类，将木部药材分为"香、乔、灌、寓、苞、杂"六类，前四类更广为人知。顾名思义，香木类的药材都具有特殊的气味，从命名上也可见一斑，譬如檀香、沉香、樟、侧柏等，个个都顶着"香"的名头；乔木类药材的原植物都是顶天立地的，如白杨、梧桐、杜仲、榆、槐等，靠伟岸的身躯撑起了生存的一方天地；相比之下，灌木类药材的原植物就娇小一些，有许多都被栽培为园艺植物，比如女贞、木槿、山茶等；寓木类比较特别，它们有特殊的共生或寄生性，需要找到强有力的依靠才能在自然界中站稳脚跟，比如茯苓、猪苓、雷丸等。

柏树

女贞

本书中本草图片若无"来源、采制"等描述,即药典无记载。

（三）果部

"木实曰果，草实曰蓏，熟则可食，干则可脯，丰俭可以济时，疾苦可以备药。"时珍先生参考前人经验，在《本草纲目》中集草木之实为果部，分为六类，共计收录果部本草127种。

首先是五果类。《黄帝内经·素问》提出"五果为助"，倡导通过各种瓜果食物来辅助养生。传统"五果"指人工培育良久、应用最为广泛的李、杏、枣、桃、栗五种鲜果，随着时代的发展，现在泛指多种鲜果或干果。

山果类主要指没经过人工选育栽培，在山野林间自然生长的各类植物果实，比如山楂、木瓜等。

夷果类的重点落在"夷"字上，从名字上也可看出，是对国外传入的果实的总称。波罗蜜、椰子、槟榔等都在其列。

味果类以各种气味芳香、浓郁、独特的椒类为主，比如花椒、胡椒等，味多辛，气多温，具有祛除寒邪、温暖脏腑的功效，同时也凭借自身的独特风味在餐桌上占据了一席之地。

元代《王祯农书》言瓜"为种不一，而其用有二，供果为果瓜……供菜为菜瓜"。果部中的蓏类就是指果瓜，耳熟能详的有西瓜、甜瓜、葡萄等。

最后一类为水果类。与现代语中的水果不同，《本草纲目》记载的水果是指水生植物的果实，比如芡实、莲藕等，药食两用价值极高。

山楂

◎ 来　　源：本品为蔷薇科植物山里红或山楂的干燥成熟果实。
◎ 采　　摘：秋季果实成熟时采收，切片，干燥。
◎ 性味归经：酸、甘，微温。归脾、胃、肝经。
◎ 功　　能：消食健胃，行气散瘀，化浊降脂。

枣

◎ 来　　源：本品为鼠李科植物枣的干燥
　　　　　　成熟果实。
◎ 采　　制：秋季果实成熟时采收，晒干。
◎ 性味归经：甘，温。归脾、胃、心经。
◎ 功　　能：补中益气，养血安神。

（四）菜部

"凡草木之可茹者谓之菜"，时珍先生对菜的定义简单、宽泛，但其内容分类并不含糊。《黄帝内经·素问》记载"五菜为充"，强调膳食要均衡，通过摄入新鲜的蔬菜来平衡饮食的营养结构。传统意义上的"五菜"指韭（韭菜）、薤（薤头）、葵（冬葵）、葱（小香葱）、藿（大豆嫩叶），这些是秦汉时期最为常见的食用蔬菜。随着生活区域的变迁、对外开放以及各民族的融合发展，明朝时期可以被送上餐桌的蔬菜种类已经过百。时珍先生在《本草纲目》中记录了105种菜部本草，并将其重新划分为荤辛类、柔滑类、蓏菜类、水菜类以及芝栭类。

荤辛类的蔬菜是指具有刺激性异味的蔬菜，比较有代表性的有韭、蒜、葱等。

柔滑类蔬菜具有通利胃肠道的特殊功效，常见的有马齿苋、莴苣、菠菜等。《急救广生集》中记载，柔滑类蔬菜"多食，滑大小肠，久食脚软腰痛，动冷气"。柔滑类蔬菜好吃，可千万不能贪多。

蓏菜类就是菜瓜，同样为草木之实，但因用途不同而被划分到了菜部，比如丝瓜、南瓜、冬瓜等，都是餐桌常客。

水菜类与水果类相似，指的是水生植物来源的可食蔬菜，比如紫菜、龙须菜等。

芝栭最早记载于《礼记》的"芝栭菱椇"，后世注解有"无华而实"等，与现代对大型可食用真菌的认识相近，较为有代表性的芝栭类本草有灵芝、木耳等。

马齿苋

◎ 来　　源：本品为马齿苋科植物马齿苋的干燥地上部分。

◎ 采　　制：夏、秋二季采收，除去残根和杂质，洗净，略蒸或烫后晒干。

◎ 性味归经：酸，寒。归肝、大肠经。

◎ 功　　能：清热解毒，凉血止血，止痢。

丝瓜

灵芝

- ◎ 来　　源：本品为多孔菌科真菌赤芝或紫芝的干燥子实体。
- ◎ 采　　制：全年采收，除去杂质，剪除附有朽木、泥沙或培养基质的下端菌柄，阴干或以40—50℃烘干。
- ◎ 性味归经：甘，平。归心、肺、肝、肾经。
- ◎ 功　　能：补气安神，止咳平喘。

（五）谷部

"民以食为天"，"谷"是人类赖以存续的根本。《黄帝内经·素问》记载"五谷为养"，就是说以谷物为主要食物，为生命活动提供基本需求的能量。按照中医饮食养生理论，麻、麦、稷、黍、豆五谷对应肝、心、脾、肺、肾五脏，摄入五谷能够颐养五脏精气，补养身体。李时珍在前人记载的基础上，"集草实之可粒食者为谷部"，并将其进一步划分为麻麦稻、稷粟、菽豆及造酿四类，分别阐述百谷的性味疗效。

麻麦稻类的代表本草有火麻、稻、大麦等；稷粟类有玉米、小米等；菽豆是一个统称，其下包括了黑豆、绿豆、豇豆等多种豆类；最为特别的是造酿类，其下包含的大豆豉、醋等，是经过发酵等工艺生产出的谷类衍生物，不同的加工方法赋予了造酿类谷物不同的风味，其药效也有了一定改变。

火麻

玉米

⟨三⟩ 动物来源的本草

　　《本草纲目》之所以广受赞誉，很大程度上是因为其具有世界影响力的"析族区类，振纲分目"的分类方法。书中融入了科学的生物分类的思想，在部类的撰写安排上贯穿了"从微至巨，从贱至贵"的原则，这种思想在对动物来源的本草做描述时更是体现得淋漓尽致。

（一）虫部

　　在科学进展有限的年代，人们认为"虫乃生物之微者，其类甚繁"，因其生长环境不同而表现出不同的药效特性。除了生活中常见的蚕、蜜蜂、蚂蚁等，令人谈之色变的水蛭、蜈蚣、蝎子等都归属在虫部。它们在各自的领域里发光发热，撑起了动物药的一小片天地。

蚂蚁

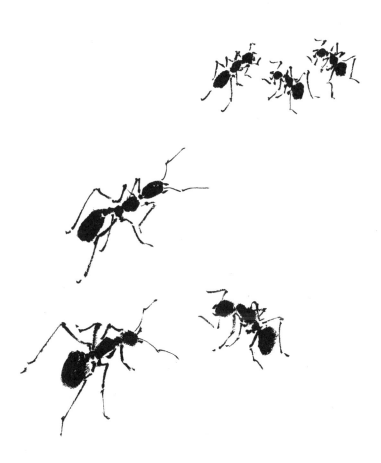

（二）鳞部

根据《大戴礼记》记载，古人将所有动物分为赢、鳞、毛、羽、昆五类，合称"五虫"，其中"鳞虫"指鱼类、蜥蜴、蛇等具鳞的动物。抛开带有神话色彩的"龙"不谈，名声在外的鳞部本草有蛤蚧、白花蛇等陆生的贵重药材，也有鲫鱼、黄鱼、鲳鱼、青鱼等餐桌常见的水产品。鳞部中比较特殊的是无鳞生物，如乌贼、泥鳅等，因为天生不长鳞片或是鳞片很小而被单列为一类，但将其归属于鳞部的范畴还是广受认可的。

鲫鱼

乌贼

乌贼有十腕，其中两条较长的为触腕。平时缩在触腕囊内，捕食时会迅速弹出。

（三）介部

前面提到的"五虫"之一的"昆虫"，在后世又被称为介虫或甲虫，指有甲壳的虫类、水族。为了与混杂虫鱼的唐宋本草作区分及规范，《本草纲目》介部中收集归纳的都是水生带壳的各类动物及其衍生物，比如被称为"介虫之灵长者"的龟，可供食用的生鲜文蛤、牡蛎，产自贝类的珍珠等。

蚌带珍珠

（四）禽部

"二足而羽曰禽"，此处的"禽"字专门用来指代鸟类。时珍先生在《本草纲目》中将禽类分为水、原、林、山四类，是根据不同鸟类的栖息环境和生存特性做的针对性划分；同时也结合了我国古代的神话传说，记载了凤凰、姑获鸟、鬼车鸟等诸多精怪的形象。时至今日，算得上广为人知的禽类药材仅有鸡内金。现在大部分禽部本草相关的动物都不在药用动物之列，而是属于保护动物，人们只能在野外或者动物园中一睹芳容，如孔雀、鸵鸟、莺等。

鸡内金

◎ 来　　源：本品为雉科动物家鸡的干燥砂囊内壁。

◎ 采　　制：杀鸡后，取出鸡肫，立即剥下内壁，洗净，干燥。

◎ 性味归经：甘，平。归脾、胃、小肠、膀胱经。

◎ 功　　能：健胃消食，涩精止遗，通淋化石。

莺

（五）兽部

"兽"是四足、被毛动物的总称，其中被人圈养驯化的动物被称为"畜"。《黄帝内经·素问》谓"五畜为益"，就是说可通过肉类食物来补充机体所需的特殊营养。归属于畜的动物有猪、牛、羊等，这类食物既能饱腹，又因为富含优质蛋白、脂肪等，在一定程度上发挥着补益作用。兽类还有羚羊、梅花鹿、林麝等[1]，多为传统的名贵药用动物，能够产出羚羊角[2]、鹿茸、麝香等多种名贵中药材，作为"血肉有情之品"，在临床应用中表现出良好的调节阴阳平衡、补益精血筋骨的作用。

---

1 梅花鹿与林麝为国家一级保护野生动物，人工饲养品种才可作为药材使用。
2 古代的羚羊角与现代药典记载的品种并不完全一致。

牛

羚羊角

- ◎ 来　　源：本品为牛科动物赛加羚羊的角。
- ◎ 采　　制：锯取其角，晒干。
- ◎ 性味归经：咸，寒。归肝、心经。
- ◎ 功　　能：平肝息风，清肝明目，散血解毒。

鹿茸

- ◎ 来　　源：本品为鹿科动物梅花鹿或马鹿的雄鹿未骨化密生茸毛的幼角。
- ◎ 采　　制：夏、秋二季锯取鹿茸，经加工后，阴干或烘干。
- ◎ 性味归经：甘、咸，温。归肾、肝经。
- ◎ 功　　能：强筋骨，调冲任，托疮毒。

三 矿物来源的本草

　　与植物药和动物药相比，矿物来源的本草品种稀少，但在传统中医的临床应用中，矿物入药的历史十分悠久。秦汉时期的《神农本草经》记载有矿物药40种；东汉末年张仲景著《伤寒杂病论》，记载矿物类药材21味，收集含矿物药方58个；到了明朝，李时珍在《本草纲目》"金石部"中记载了161种矿物药，分为金、玉、石、卤四类，更是令人大开眼界。

　　金本义"五色金"，指金、银、铜、铅、铁五种矿物，后被引申为金属类的统称。金类药材除了开采获得的金属矿石，还包括铜绿、铁锈等相关矿石衍生物。"石之精为金为玉"，"玉"与汉字中的珍宝密切相关，在中华民族的传统文化中代表着美好的人或物，除了药用，还具有不可替代的象征价值。广义上的玉除了开采的岩矿玉石，还包括了珊瑚、水晶等贵重宝石。除了上述金属、玉石，金石部记载的矿物本草还包含硫黄、食盐、白矾等生于天然卤水的卤石，以及石膏、炉甘石等常见矿石。

珊

珊瑚

瑚

世人有心，本草有情，万物有时。

本草在日新月异的世界里不动声色地修行。中医药的本草文化浓缩了中华上下五千年的智慧，折射着每个时期的人民对生命、生产、生活的认识演变和思考探索。认识生活中的本草，是一场人与自然并肩的旅行。

2 本草的“温度”
——四气

　　自然界具有春温、夏热、秋凉、冬寒这四种气候状态。在中医药理论中，本草也具有与之类似的“温度”：有的温热，有的寒凉，有的平和。这种“温度”其实是人们把某些东西吃进肚子后，根据它们对人体造成的影响而总结出来的，分为寒、热、温、凉。自此，这些东西上升为药，为人所用，而这四种“温度”则被称为中药的“四气”。

我国现存最早的中药学专著《神农本草经》记载，"药有酸、咸、甘、苦、辛五味，又有寒、热、温、凉四气"，历代医书在论述中药功效时，大多首先描述其"气"与"味"。四气好比四季，亦是一种"偏性"，偏温热，抑或寒凉，肩负纠正人体偏性的大任。

一 寒凉本草

外面着火了，人们会用水去降温、灭火。那如果人体上火了，又该怎么办呢？可以选用偏寒凉的本草去"降火"。"上火"是中医的概念，其本质是机体阴阳失去平衡，火性失去制约，表现出口舌生疮、口燥咽干等热证；而能够减轻或消除热证的药物就是寒凉药。

药材根据寒凉程度的不同，又被分为："寒性"药材，比如清热的石膏、泻火的黄连、泻下的大黄等；"凉性"药材，比如散热的薄荷、活血的丹参、利湿的薏苡仁等。

石膏

- ◎ 来　　源：本品为硫酸盐类矿物石膏族石膏，主含含水
  硫酸钙。
- ◎ 采　　制：洗净，干燥，打碎，除去杂石，粉碎成粗粉。
- ◎ 性味归经：甘、辛，大寒。归肺、胃经。
- ◎ 功　　能：清热泻火，除烦止渴。

黄连

- ◎ 来　　源：本品为毛茛科植物黄连、三角叶黄连或云连的干
  燥根茎。
- ◎ 采　　制：除去杂质，润透后切薄片，晾干，或用时捣碎。
- ◎ 性味归经：苦，寒。归心、脾、胃、肝、胆、大肠经。
- ◎ 功　　能：清热燥湿，泻火解毒。

大黄

- ◎ 来　　源：本品为蓼科植物掌叶大黄、药用大黄的干燥根
  及根茎。
- ◎ 采　　制：除去杂质，洗净，润透，切厚片或块，晾干。
- ◎ 性味归经：苦，寒。归脾、胃、大肠、肝、心包经。
- ◎ 功　　能：泻下攻积，清热泻火，凉血解毒，逐瘀通经，
  利湿退黄。

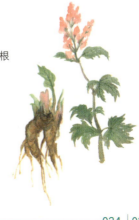

蝉蜕

◎ 来　　源：本品为蝉科昆虫黑蚱的若虫羽化时脱落的皮壳。
◎ 采　　制：除去杂质，洗净，干燥。
◎ 性味归经：甘，寒。归肺、肝经。
◎ 功　　能：疏散风热，利咽，透疹，明目退翳，解痉。

薄 荷

◎ 来　　源：本品为唇形科植物薄荷的
　　　　　　干燥地上部分。

◎ 采　　制：拣净杂质，除去残根，先
　　　　　　将叶抖下另放，然后将茎
　　　　　　喷洒清水，润透后切段，
　　　　　　晒干，再与叶和匀。

◎ 性味归经：辛，凉。归肺、肝经。

◎ 功　　能：疏散风热，清利头目，利
　　　　　　咽，透疹，疏肝行气。

丹 参

◎ 来　　源：本品为唇形科植物丹参的
　　　　　　干燥根及根茎。

◎ 采　　制：拣净杂质，除去根茎，洗
　　　　　　净，捞出，润透后切片，
　　　　　　晾干。

◎ 性味归经：苦，微寒。归心、肝经。

◎ 功　　能：活血祛瘀，通经止痛，清
　　　　　　心除烦，凉血消痈。

⒊ 温热本草

　　外面冰天雪地，人们会在屋子里生火取暖。那如果人体的阳气不能制约阴气，出现全身寒冷、腹泻等寒证时，要怎么办呢？在中医看来，这就需要用偏热的药物来温阳驱寒，而这些能够减轻或消除寒证的药物就是温热药。

　　同样，药材根据温热程度的不同，又分为："热性"药材，比如附子、干姜、肉桂等；"温性"药材，比如防风、陈皮、熟地黄等。

附子

◎ 来　　源：本品为毛茛科植物乌头的子根的加工品。
◎ 采　　制：除去母根、须根及泥沙，再经炮制后入药。
◎ 性味归经：辛、甘，大热；有毒。归心、肾、脾经。
◎ 功　　能：回阳救逆，补火助阳，散塞止痛。

干姜

◎ 来　　源：本品为姜科植物姜的干燥根茎。
◎ 采　　制：除去杂质，略泡，洗净，润透，切厚
　　　　　　片或块，晒干。
◎ 性味归经：辛，热。归脾、胃、肾、心、肺经。
◎ 功　　能：温中散寒，回阳通脉，温肺化饮。

防风

◎ 来　　源：本品为伞形科植物防风的干燥根。
◎ 采　　制：除去残茎，用水浸泡，捞出，润透，切片，晒干。
◎ 性味归经：辛、甘，微温。归膀胱、肝、脾经。
◎ 功　　能：祛风解表，胜湿止痛，止痉。

陈皮

◎ 来　　源: 本品为芸香科植物橘及其栽培变种的干燥成熟果皮。

◎ 采　　制: 除去杂质，喷淋水，润透，切丝，干燥。

◎ 性味归经: 苦、辛，温。归肺、脾经。

◎ 功　　能: 理气健脾，燥湿化痰。

每味中药都有它自己的"温度"（分为寒、热、温、凉），即中药的"四气"。中医学认为，人体只有处于阴阳平衡的稳态，才能达到"正气存内，邪不可干"的健康状态。当平衡被打破时，就需要用具有不同"温度"的中药把身体往反方向拉，从而回到阴阳平衡的状态，这被称为"以偏纠偏"，即以药材的偏性纠正机体的偏性。

　　几千年来，我国医家不断观察、实践，总结出了不同本草的四气等特性，为指导中医临床寒热用药奠定了基础。

3 中药五味

本草的"滋味"

本草有着自己的"滋味",分为"酸、苦、甘、辛、咸"五种,合称为"中药五味"。不同的"滋味"表明不同的功效,五味与五脏相呼应,《黄帝内经·素问·至真要大论》云:"五味入胃,各归所喜,故酸先入肝,苦先入心,甘先入脾,辛先入肺,咸先入肾,久而增气,物化之常也。"五味调和则五脏安和。"五味"作为药性理论最早见于《神农本草经》,下面将逐一进行介绍。

一 酸

讲到酸，大部分人就会眉头紧皱，感到牙齿酸软，一阵不自在贯穿全身。

"五味"中的酸确实独特，比如乌梅、山楂等，让人紧锁眉头却又垂涎欲滴，是药食两用的典型代表。想到夏天闷热的午后，饮一碗冰镇的酸梅汤，生津止渴、清热解暑；又或是年节里吃一串火红的糖葫芦，消食化积、健脾开胃，一种满足感油然而生。

酸性药材入肝经，有收敛固涩与生津止渴的作用。其收敛固涩，正如那一口尝酸而紧锁的眉头一样，有"往里收"的作用，能够"收"回人体耗散的气、血、津、液等。

另外，中医理论认为，肝藏血，主疏泄，能够调节气血津液的运输分布，能够调节血量，濡养筋脉，若肝的疏泄能力减退，便会导致心情不畅，引起抑郁。联系"酸入肝"的说法，在中药炮制当中有醋制这一方法，可利用醋的酸性引药入肝，增强药物疏肝的作用，如醋制柴胡，其疏肝解郁的功效较之生品有很大的提高。

乌梅

◎ 来　　源：本品为蔷薇科植物梅的干燥近成熟果实。

◎ 采　　制：夏季果实近成熟时采收，低温烘干后闷至色变黑。

◎ 性味归经：酸、涩，平。归肝、脾、肺、大肠经。

◎ 功　　能：敛肺，涩肠，生津，安蛔。

⊜三 苦

　　苦瓜是我们日常生活中常见的苦味代表，是苦味药材中最"接地气"的一种。一般来说，苦味药材入心经，能泄能燥。"泄"指的是苦味药能够清泄火热，好比苦瓜能败火，或者能通泄大便、降泄逆气（包括降肺止咳、降胃止呕）等；"燥"就是干燥的意思，指的是苦味药能够使体内潮湿的环境变得干燥，表现出强大的"燥湿"功效。

　　川贝枇杷膏里的枇杷叶能够清肺降肺、止咳定嗽；香气四溢的栀子花结出的果实栀子,善于泻火除烦；还有相传为最苦中药的黄连，既能泻火解毒，又可清热燥湿：以上都是苦味药材中赫赫有名的大将。但是要注意，苦味的东西性多寒凉，容易伤胃。中医认为脾胃为"气血生化之源"，脾胃阳气健旺则人体机能正常，多食苦寒之物则会造成脾胃虚寒，导致腹泻腹痛。苦瓜就是如此，所以只能适量食用，不宜多食。

苦瓜

枇杷叶

◎ 来　　源：本品为蔷薇科植物枇杷的干燥叶。
◎ 采　　制：全年均可采收，晒至七八成干时，扎成小把，再晒干。
◎ 性味归经：苦，微寒。归肺、胃经。
◎ 功　　能：清肺止咳，降逆止呕。

栀子

◎ 来　　源：本品为茜草科植物栀子的干燥成熟果实。

◎ 采　　制：9 月至 11 月果实成熟呈红黄色时采收，
　　　　　　除去果梗和杂质，蒸至上气或置沸水中略
　　　　　　烫，取出，干燥。

◎ 性味归经：苦，寒。归心、肺、三焦经。

◎ 功　　能：泻火除烦，清热利湿，凉血解毒；外用消
　　　　　　肿止痛。

三 甘

甘一般用来形容美味、美好的食物。甘味药材入脾经，能和能缓能补，即具有补益、和中、调和药性和缓急止痛的作用，可以补养身体的虚弱，缓解身体的抽搐、疼痛，或者充当"和事佬"，调解不同药物、食物之间的"矛盾"。

在中医理论当中，"和"指调和，"中"为中焦，包括脾胃，"益气"就是指健脾、补益气血。脾主运化，脾胃虚弱会导致中气不足，使用甘味药，便可促进脾胃对食物的消化运输。如有体虚休克、脾肺虚弱、气血亏虚等病证，可以使用人参大补元气、复脉固脱。《伤寒论》中的代表方剂麻黄汤有很强的发汗作用，发汗能力过强就会耗伤津液，导致喉咙干燥等，所以其中的甘草就起到调和诸药的作用，缓和药性。如果中虚胃寒，腹部痉挛疼痛、胃肠功能紊乱，可以使用蜂蜜、饴糖来益气健脾、缓急止痛。传统中药炮制中还有蜜炙这一方法，可以增强药物补脾益气的功效，如蜜炙黄芪。

蜂蜜

◎ 来　　源：本品为蜜蜂科昆虫中华蜜蜂或意大利蜂所酿的蜜。

◎ 采　　制：春至秋季采收，滤过。

◎ 性味归经：甘，平。归肺、脾、大肠经。

◎ 功　　能：补中，润燥，止痛，解毒；外用生肌敛疮。

四 辛

　　辛味药物主要含有挥发油类，所以我们常常能够闻到其特殊的味道，例如，家中常用的调味品肉桂、八角茴香、胡椒等。辛味药材入肺经，能散能行，当外界的病邪侵犯人体时，我们常会用到辛味药材，如荆芥，能除劳渴冷风，所以能用来治疗伤风感冒。同时，辛味也有推动人体气血运行的功效。气血流行通畅，人就不容易生病，比如，生姜外敷用于风寒骨痛是借其温散之力以行气血，气血畅行，"通则不痛"；又如，辛凉的薄荷可以疏肝行气，或闻香，或品茗，皆能解郁。这些都是辛行气血的很好例证。

肉桂

◎ 来　　源：本品为樟科植物肉桂的干燥树皮。

◎ 采　　制：多于秋季剥取，阴干。

◎ 性味归经：辛、甘，大热。归肾、脾、心、肝经。

◎ 功　　能：补火助阳，引火归元，散寒止痛，温通经脉。

荆芥

◎ 来　　源：本品为唇形科植物荆芥的干燥
　　　　　　地上部分。
◎ 采　　制：夏、秋二季花开到顶且穗绿时
　　　　　　采割，除去杂质，晒干。
◎ 性味归经：辛，微温。归肺、肝经。
◎ 功　　能：解表散风，透疹，消疮。

生姜

◎ 来　　源：本品为姜科植物姜的新鲜根茎。
◎ 采　　制：秋、冬二季采挖，除去须根和
　　　　　　泥沙。
◎ 性味归经：辛，微温。归肺、脾、胃经。
◎ 功　　能：解表散寒，温中止呕，化痰止
　　　　　　咳，解鱼蟹毒。

（五）咸

咸，归肾经，能软能下。"软"指的是咸味药能够软化一些坚硬的肿块、结节等，比如反复扁桃体肿大，难以消掉，中医就会考虑用些咸味药来缩小肿胀的扁桃体，如昆布。"下"则表示咸味药能泻下肠道中的燥粪，如芒硝。

那些总是出现在餐桌上的水产品，如牡蛎、螃蟹等，烹饪的时候少放盐或者不放盐并不影响口感，就是因为这些生物常年在海水中生长，本身便是咸的。

至于一些不太适宜日常入口的咸味中药，大家可能了解得少，如：滋阴退热、软坚散结的鳖甲（甲鱼壳）；驱蚊虫、缓痒痛的紫草膏中的紫草；用于治气血凝聚，能够软坚散结、破血消癥的水蛭。其实，它们都是咸味中药。一些中药也会使用盐进行炮制，增加其补肾的功效，如盐杜仲。

昆布

- ◎ 来　　源：本品为海带科植物海带或翅藻科植物昆布的干燥叶状体。
- ◎ 采　　制：夏、秋二季采捞，晒干。
- ◎ 性味归经：咸，寒。归肝、胃、肾经。
- ◎ 功　　能：消痰软坚散结，利水消肿。

芒硝

- ◎ 来　　源：本品为硫酸盐类矿物芒硝族芒硝，经加工精制而成的结晶体。主含含水硫酸钠。
- ◎ 性味归经：咸、苦，寒。归胃、大肠经。
- ◎ 功　　能：泻下通便，润燥软坚，清火消肿。

牡蛎

◎ 来　　源：本品为牡蛎科动物长牡蛎、大连湾牡蛎或近江牡蛎的贝壳。
◎ 采　　制：全年均可捕捞，去肉，洗净，晒干。
◎ 性味归经：咸，微寒。归肝、胆、肾经。
◎ 功　　能：重镇安神，潜阳补阴，软坚散结。

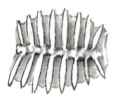

鳖甲

◎ 来　　源：本品为鳖科动物鳖的背甲。
◎ 采　　制：全年均可捕捉，以秋、冬二季为多。
◎ 性味归经：咸，微寒。归肝、肾经。
◎ 功　　能：滋阴潜阳，退热除蒸，软坚散结。

蟹

紫草

- ◎ 来　　源：本品为紫草科植物新疆紫草或内蒙古
　　　　　　紫草的干燥根。
- ◎ 采　　制：春、秋二季采挖，除去泥沙，干燥。
- ◎ 性味归经：甘、咸，寒。归心、肝经。
- ◎ 功　　能：清热凉血，活血解毒，透疹消斑。

水蛭

- ◎ 来　　源：本品为水蛭科动物蚂蟥、水蛭
　　　　　　或柳叶蚂蟥的干燥全体。
- ◎ 采　　制：夏、秋二季捕捉，用沸水烫死，
　　　　　　晒干或低温干燥。
- ◎ 性味归经：咸、苦，平；有小毒。归肝经。
- ◎ 功　　能：破血通经，逐瘀消癥。

现在我们对中药的"五味"有了基本的了解，其最开始的确是人们口尝之后对真实味道的归纳，但是在不同味道的药物作用于人体产生不同的效果之后，五味就超出了味觉归纳的范畴，成为对药物作用特征的概括。

中医用药讲究整体观念，往往药方的组成包括"君、臣、佐、使"四类，既有主药又有辅药，每一味药的"味"或有不同，其作用对应的脏腑也不同，故不可只治疗局部而不见整体。将不同特性的药物共同使用，调整各个脏腑，方能达到全面治疗的目的。

将药物的"五味"与"四气"结合成为"气味合参"，每一种药材的"气味"高度涵盖它特有的功效，对中医临床用药具有很强的指导作用。

宝玉的
神奇秘方

玫瑰

玫瑰是一种声名远扬并广受欢迎的花卉，其体态多姿，香味沁人。宋代诗人杨万里的诗句"接叶连枝千万绿，一花两色浅深红"描写的就是玫瑰。

几个世纪以来，玫瑰一直备受推崇。历史证据表明，玫瑰在中国的栽培历史已有2 000多年，从那时起它们就一直在群芳谱中占有重要一席。美艳的玫瑰花不仅是观赏花卉，更是一味非常有用的中药。

《红楼梦》中就提到过玫瑰。贾宝玉挨了父亲的打，腿上青紫，臀上作痛，吃不下东西。于是，丫鬟袭人拿来了用玫瑰花瓣和白砂糖腌成的"玫瑰卤子"给他吃，宝玉的母亲王夫人也拿来了"玫瑰清露"，说"一碗水里只用挑一茶匙儿，就香得了不得呢"。宝玉吃了，觉得"果然香妙非常"。宝玉所食的玫瑰花馔，不仅美味，而且可以疗伤养体，一花两用，妙不可言。

　　玫瑰花入药，味甘、微苦，性温；归肝、脾经；具有行气解郁、和血散瘀的功效，多用于治疗月经不调、跌打损伤、肝胃气痛、乳痈肿痛等。《本草正义》曰玫瑰花"清而不浊，和而不猛，柔肝醒胃，疏气活血，宣通窒滞，而绝无辛温刚燥之弊，断推气分药中，最有捷效而最为驯良者，芳香诸品，殆无其匹"，表明玫瑰花可调节身体气血运行，内调和脏腑，外达于皮肤，乃花中佼佼者。

　　玫瑰花确实是一味平和的理气药。我们在生活中若因琐事愤懑，觉着胸闷、食欲变差，甚至出现腹痛，表现为中医所说的肝气不舒，此时不妨用一点玫瑰花，让那沁人心脾的芳香舒展肝气，改善食欲。因为玫瑰花具有调畅气血、消肿止痛的作用，也被用来治疗跌打损伤，所以宝玉挨打后吃玫瑰卤子、喝玫瑰清露可谓是恰到好处。玫瑰花亦是养颜美容之佳品，对于由气血不和引起的面色暗沉、长斑，有不错的治疗效果，颇受爱美人士的青睐。

　　明代卢和的《食物本草》称，玫瑰花"食之芳香甘美，令人神爽"。玫瑰花不仅可以做药，还是上好的食材，除了最常见的玫瑰茶，还能做成玫瑰糕、玫瑰肉、玫瑰花粥等美味佳肴，其中最负盛名者莫过于玫瑰饼。《燕京岁时记》说："四月以玫瑰花为之者，谓之玫瑰饼……应时之食物也。"可见玫瑰饼是以当季的鲜玫瑰花瓣制成，受花期之限，显然"不可多得"。相传清朝乾隆帝喜食玫瑰饼，曾"特批"用鲜玫瑰饼祭神不必再奏请，更是肯定了玫瑰饼。如今的玫瑰饼以发酵的玫瑰花酱为馅，故四季常有，看似寻常，而其中蕴含的中医食疗养生理念历久未变——所谓"气血冲和，万病不生"（元代医学家朱丹溪语）。

现代以玫瑰花瓣为原料通过蒸馏法提炼可得玫瑰精油（又称"玫瑰露"）。玫瑰精油成分纯净，气味芳香，一直是世界香料工业中不可取代的原料，多用于制造高级香水等化妆品。作为世界上非常昂贵的精油，玫瑰精油能够作用于人体的中枢神经系统，具有镇静和放松的作用，还有缓解疼痛的效果。这正和中药玫瑰"行气解郁、和血散瘀"的传统功效有着异曲同工之处。

玫瑰花

◎ 来　　源：本品为蔷薇科植物玫瑰的干燥花蕾。
◎ 采　　制：春末夏初花将开放时分批采摘，及时低温干燥。
◎ 性味归经：甘、微苦，温。归肝、脾经。
◎ 功　　能：行气解郁，和血，止痛。

5

甘草的品格

库布齐沙漠位于我国内蒙古自治区，这里干旱少雨，昼夜温差极大，生态环境脆弱，曾被称为"死亡之海"。

甘草即生长在这种恶劣的环境中。它看上去枝叶矮小，伏在地上，却有着极为粗壮的地下根茎，可达三四米——如此才能在极端的环境中汲取养分，成为沙漠中的翘楚。

甘草始载于《尔雅》一书。药用最早见于汉朝《神农本草经》："味甘，平。主五脏六腑寒热邪气；坚筋骨，长肌肉，倍力；金疮肿；解毒。久服轻身延年。"甘草可调理五脏六腑，充养四肢肌肉，提升机体免疫力，故被列为上品。中医讲"十方九草"，其中的"草"即为甘草。《伤寒论》的一百多首药方中，用甘草就达约七十次，甘草的重要性可见一斑。

甘草，以根及根茎入药，性平而味甘，虽在极寒极热交替的环境下生长，却不偏不倚拥有着平和药性，真可谓经历过大风大浪，泰山崩于前而色不变，麋鹿兴于左而目不瞬。甘草以味甘得名，甘以补益，中药滋补药多为甘味，甘草自不例外。甘草善于补脾气、补心气，常用于治疗脾气虚弱、倦怠乏力或心气不足、心悸脉弱；又能祛痰止咳，用于治疗各种咳嗽、气喘；亦可缓急止痛，改善内脏或躯体的急迫性疼痛；还具有清热解毒之功，常用于治疗热毒引发的咽喉肿痛、疮疡以及某些药食中毒。即使出生于干旱缺水的盐碱环境中，甘草依然以甘甜回馈世界，为众人带来健康福祉。

如糖之于烹饪能起到添香、调解、和味的作用，甘草这味甘味药材，有一个莫大的本事——缓和药性、调和诸药，于众多中药中可谓"和事佬"。这个"和事佬"在药材中东缓解西劝和，使复方中药达到最佳药效，这也是甘草在方剂中使用频率较高的原因。"和事佬"这角色一般由心气平和之人担当，万没想到从恶劣环境中成长起来的甘草竟能够平和坦荡至此，不仅独善其身，更是兼济天下，在众药中脱颖而出，以其斡旋调解之能登至"国老"的地位！

　　甘草，生长在荒漠，性格坚韧。风沙与干旱不会让它死亡，哪怕只有一线生机，它都会顽强地生存下来。甘草扎根深处，锤炼出"性平味甘"的特性，用大爱去回应这个世界。如果非要给甘草一个评语的话，我选择"至甘至纯，至臻至善"，用平凡铸就不凡，这就是甘草的境界。

甘草

◎ 来　　　源：本品为豆科植物甘草、胀果甘草或光果甘草的干燥根或根茎。

◎ 采　　　制：春、秋二季采挖，除去须根，晒干。

◎ 性味归经：甘，平。归心、肺、脾、胃经。

◎ 功　　　能：补脾益气，清热解毒，祛痰止咳，缓急止痛，调和诸药。

黛以描眉
之青黛

青黛，不仅是古人描眉画眼
之物，还是一味药材。

白居易在《长恨歌》里写杨贵妃"回眸一笑百媚生，六宫粉黛无颜色"，用"粉黛"代指女子。刘熙在《释名》中写道："灭去眉毛，以此代之，故谓之黛。"古代女子用此画眉，称之为青黛。

　　荀子在《劝学篇》写"青，取之于蓝，而青于蓝"，很巧妙地点明了青黛的出处。"蓝"指蓝草，是我国应用历史最为悠久、地域分布最为广泛的天然染料之一。李时珍在《本草纲目》中指出"凡蓝五种，各有主治"，但现代药典对蓝草的品种作了进一步规定，即爵床科植物马蓝、蓼科植物蓼蓝或十字花科植物菘蓝。"青"指青黛，是由蓝草的叶或茎叶经过加工晾晒获得的深蓝色粉末、团块或颗粒。

　　宋应星在《天工开物》一书中对蓝草的处理作了详细记述："凡造淀，叶与茎多者入窖，少者入桶与缸。水浸七日，其汁自来。每水浆一石，下石灰五升，搅冲数十下，淀信即结。水性定时，淀沉于底。近来出产，闽人种山皆茶蓝，其数倍于诸蓝。山中结箬篓，输入舟航。其掠出浮沫晒干者，曰靛花。"此靛花，即青黛也。

　　除了用作描眉画眼的化妆品，青黛还是一味药材，具有清热解毒、凉血消斑、泻火定惊的功效。青黛入药载于唐朝《药性论》，据说最初指一种经波斯国传入的从贝类中提取获得的染料"提尔紫"，后来由于波斯国遥远而青黛需求量大，人们才把目光放在了蓝草身上，"染瓮上池沫紫碧色者用之"，青黛的含义也逐渐发生了转变。

中医基础理论认为，青色属木，能入肝经，因而青黛主归肝经，善于清肝泻火。相传古代宫中有女子得了咳嗽病，久治无效，脸上也出现了浮肿斑疹。太医正一筹莫展时，从江湖郎中那里得到几个方药，便带给女子服用。女子服药后竟一夜未咳，第二天脸也消肿了，众人皆叹为神奇。后来，太医发现药方组成只有青黛和蛤粉两味药，其中青黛能够清泻肝火、凉血止血，蛤粉（蛤蜊粉）则能清肺化痰，利水消肿。两者合用治肝肺实热的咳嗽咯痰效如桴鼓，黛蛤散也成了治疗肝火犯肺的典型方剂。不过，部分人在用青黛后会出现腹痛腹泻、恶心呕吐的不良反应，使用时需谨遵医嘱。

青黛

◎ 来　　源：本品为爵床科植物马蓝、蓼科植物蓼蓝或十字花科植物菘蓝的叶或茎
　　　　　　叶经加工制得的干燥粉末、团块或颗粒。

◎ 采　　制：夏、秋采收茎叶，置缸内，用清水浸二至三个昼夜，至叶烂脱枝时，
　　　　　　捞去枝条，每十斤叶加入石灰一斤，充分搅拌。至浸液成紫红色时，
　　　　　　捞取液面泡沫，晒干，即为青黛，质量最好。当泡沫减少时，可沉淀
　　　　　　二至三个小时，除去上面的澄清液，将沉淀物筛去碎渣，再行搅拌，
　　　　　　又可产生泡沫。将泡沫捞出晒干，仍为青黛，但质量较次。

◎ 性味归经：咸，寒。归肝经。

◎ 功　　能：清热解毒，凉血消斑，泻火定惊。

马蓝

菘蓝

蓼蓝

值得注意的是，蓝草的贡献不仅体现在青黛上。

十字花科植物菘蓝的根干燥后为中药板蓝根，具有清热解毒、凉血利咽的功效，针对风热感冒有较好的治疗效果。风邪夹带热邪侵犯人体，多从口鼻而入，病起时往往有发热、舌红、咽喉干痛、流浊涕等症状，需要疏风清热，对症治疗。在许多家庭的常备药清单中，可以有效缓解发热、舌苔黄、全身痛等症状的板蓝根颗粒赫然在列。

十字花科植物菘蓝的叶干燥后为中药大青叶，具有清热解毒、凉血消斑的功效。温病辨证学说中，以"卫、气、营、血"代表温热邪气侵犯人体致病的四个阶段，其相应临床表现可概括为卫分证、气分证、营分证、血分证四类。机体感受温热之毒后内蕴肺胃，波及营血时，使得血毒透发于皮肤，则见斑疹密布。大青叶以凉血消斑见长，除了治疗外感风热导致的感冒，还可以有效治疗丹毒、发斑，临床也用于治疗紫癜等。

青黛、板蓝根和大青叶来源相近，却又各有所长。在临床应用时必须注意辨证论治，有所侧重，以期事半功倍之效。

蓝草的美好之处，不仅体现在作为药物给人带来健康上，而且体现在通过画眉、染布给人带来美的感受上。它轻而易举地就能带着我们回到山野间，享受那一份古老的馈赠。

板蓝根

◎ 来　　源：本品为十字花科植物菘蓝的干燥根。
◎ 采　　制：秋季采挖，除去泥沙，晒干。
◎ 性味归经：苦，寒。归心、胃经。
◎ 功　　能：清热解毒，凉血利咽。

大青叶

◎ 来　　源：本品为十字花科植物菘蓝
　　　　　　的干燥叶。
◎ 采　　制：夏、秋二季分二至三次采
　　　　　　收，除去杂质，晒干。
◎ 性味归经：苦，寒。归心、胃经。
◎ 功　　能：清热解毒，凉血消斑。

蛤壳

◎ 来　　源：本品为帘蛤科动物文蛤或青
　　　　　　蛤的贝壳。
◎ 采　　制：夏、秋二季捕捞，去肉，洗净，
　　　　　　晒干。
◎ 性味归经：苦、咸，寒。归肺、肾、胃经。
◎ 功　　能：清热化痰，软坚散结，制酸止
　　　　　　痛；外用收湿敛疮。

化石也是药？

　　龙，是我们中华文化中的重要意象，而在中药当中有这么一味药，听其名，似乎与龙相关，知其本质，便会发觉与龙相差甚远，此药谓之"龙骨"，实为一种化石。最早将龙骨与中医药联系起来的古籍是《神农本草经》，龙骨被列为上品药材，《吴普本草》中直接称其是"龙死骨"，这当然是古人的臆想。1977年版的《中华人民共和国药典》对这味药材进行了定义：龙骨是古代哺乳动物如三趾马、犀类、鹿类、牛类、象类等的骨骼化石或象类门齿的化石。前者习称"龙骨"，后者习称"五花龙骨"。

龙骨多为灰白色或黄白色，表面较光滑，或具纹理与裂隙，或具棕色条纹和斑点；质地坚硬，断面不平坦，细腻如粉质；在关节处膨大，断面具有蜂窝状小孔。龙骨作为动物骨骼化石，其主要成分是碳酸钙和磷酸钙，也有少量的铁、钾、钠等金属元素。

从土中挖出，洗净泥沙后直接使用的被称为生龙骨，有镇惊安神、平肝潜阳的功效，可以改善心慌不安、失眠多梦的症状。

龙骨也有其相应的炮制方法，《本草纲目》中记载："近世方法，但煅赤为粉，亦有生用者。"就是将生龙骨置于无烟的火炉上，或者置于适宜的容器内煅至红透，放凉后取出，吹去炭灰，碾碎，制成煅龙骨。相较于生龙骨，煅龙骨表现出更好的收敛固涩的功效。煅龙骨还可以研磨外用，用于治疗疮口长期不愈、经久流脓等。龙骨药效虽好，但在使用时也要注意辨证施治，体内湿热积滞、外感表证或表证未除、大便秘结、对龙骨过敏者不宜服用。

药物配合应用，相互之间必然产生一定的作用。龙骨在临床使用时多与牡蛎相须为用。"相须"多是指性能功效类似的两种药物配伍使用，可以增强应有的疗效。《神农本草经》将单味药应用及药物的配伍关系归纳为"有单行者，有相须者，有相使者，有相畏者，有相恶者，有相反者，有相杀者，凡此七情，合和视之"。龙骨与牡蛎生用皆能重镇安神，平肝潜阳，煅用则均可收敛固涩，两者配伍相辅相成，协同增效，能用于治疗心神不宁、肝阳上亢及正虚滑脱诸证。

龙骨也与历史考证息息相关。相传清光绪年间，时任国子监祭酒的王懿荣因病服药，意外发现药店买回的中药龙骨上刻画着类似文字的符号。由于本身对金石文字素有研究，他敏锐地做出了判断，立刻追根溯源，断为商代文字，即甲骨文，他也成为发现和收藏殷墟甲骨的第一人。

龙骨是化石，其蕴藏着大量的古生物信息，受到国家的保护。龙骨作为不可再生资源，早在1985年的《中华人民共和国药典》中就已不再收录，也严禁私人挖掘买卖。如今，结合化学成分分析和药性理论研究寻找可以替代龙骨的药物，是促进中药材资源可持续发展的方向之一。

龙骨

◎ 来　　源：古代哺乳动物如三趾马、犀类、鹿类、牛类、象类等的骨骼化石或象类门齿的化石，前者习称"龙骨"，后者习称"五花龙骨"。

◎ 采　　制：挖出后，除去泥土及杂质。五花龙骨质酥脆，出土后，露置空气中极易破碎，常用毛边纸粘贴。

◎ 性味归经：甘、涩，平。归心、肝、肾、大肠经。

◎ 功　　能：镇惊安神，平肝潜阳，收敛固涩；外用收湿、敛疮、生肌。

昆虫与真菌
的结合体

冬虫夏草

冬虫夏草是中国三大补药（人参、鹿茸、冬虫夏草）之一。冬天的虫，夏天的草，表明了其生命的两种形态。冬天，它是蛰伏在地下的蝙蝠蛾幼虫，因为与冬虫夏草菌发生了一次偶然的相遇，命运就此改写。冬虫夏草菌是一种寄生在蝙蝠蛾幼虫身上的真菌，它吸收幼虫的营养繁殖菌丝，当菌丝占据幼虫的整个身体，幼虫原来的形态就逐渐"死亡"——也不能说是死亡，而是向另一种生命形态过渡。等到天气转暖时，菌丝从原来虫体的头部慢慢萌发，长出像草一样的真菌子座，也就成了"夏草"。这时，蝙蝠蛾幼虫和冬虫夏草菌已经融为一体，成为虫菌一体的新生物，被称为"冬虫夏草"。

人们常说"冬虫夏草是个宝"，因为它能治诸虚百损，理阴阳平衡。冬虫夏草的主要功能是补肾益肺、纳气平喘、止血化痰，可用于治疗久咳虚喘、劳嗽咯血、腰膝酸痛。《本草纲目拾遗》记载：冬虫夏草"甘平，保肺益肾，补精髓，止血化痰，已劳嗽，治膈症皆良"。现代药理学认为，冬虫夏草有抑菌、抗病毒、提高机体免疫力、抗肿瘤、抗疲劳、抗衰老、降血糖等作用；它与人参配伍，可增强温肺固肾的作用，适用于肺肾两虚、久咳虚喘；与淫羊藿、巴戟天配伍，可增强温肾益精的作用，适用于肾精亏虚之腰痛乏力。

虽然冬虫夏草久负盛名，但也不是"包治百病"的神药。与其他中药一样，冬虫夏草在使用时也需要辨证辨病。尤其要注意的是，冬虫夏草属于中药材，不在药食两用名列。因此，对于含有冬虫夏草成分的保健品、食品等，我们在购买时一定要注意辨别和筛选，并且要在医生的指导下服用。

冬虫夏草

◎ **来　源：** 本品为麦角菌科真菌冬虫夏草菌，寄生在蝙蝠蛾科昆虫幼虫上的子座和幼虫尸体的干燥复合体。

◎ **采　制：** 夏初子座出土、孢子未发散时挖取，晒至六七成干，除去似纤维状的附着物及杂质，晒干或低温干燥。

◎ **性味归经：** 甘，平。归肺、肾经。

◎ **功　能：** 补肾益肺，止血化痰。

本是同根生，
为何效相反？

麻黄和麻黄根来自同一种植物，为何会有相反的效用呢？

⟲ 一 "发汗第一药"——麻黄

在干旱少雨的库布齐沙漠，生长着本草王国里的独特存在——麻黄。艰难的生存条件锤炼出了麻黄在沙粒中扎根蔓延的生存能力，也孕育了它的特殊功效。

有一张中药古方名叫"大青龙汤"。听听，这名字就够霸气的。传说中的青龙能够兴云布雨，以大青龙命名的这张药方则具有很强的发汗作用，而麻黄正是本方的首领，有"发汗第一药"的美誉。学中医的学生通常学的第一味中药就是麻黄，学的第一首方歌就是《麻黄汤》。

其实，麻黄除了拥有卓越的发汗能力，还有止咳平喘的功效。家喻户晓的急支糖浆中就有麻黄的身影，麻黄蒸梨也常用于止咳。

不过，麻黄不能随意使用。冰毒就是从麻黄里提炼出来的一种毒品，危害极大，它会让人的大脑变得异常兴奋，甚至出现幻听、妄想，大家可得警惕。

㊂ 功效相反的麻黄根

麻黄与麻黄根有着不得不说的关系。它们本是同胞兄弟，长在同一株植株上。麻黄是植物的地上草质茎，麻黄根是埋在地下的根及根茎。

麻黄与麻黄根虽然出自一家，它们的本领却截然相反。《本草纲目》有述："麻黄发汗之气，驶不能御，而根节止汗，效如影响。"这表明地上的麻黄是发汗药，地下的麻黄根是止汗药，一个地上一个地下，却具有"一个发汗一个止汗"的相反功效。

同株的草质茎麻黄与麻黄根，由于入药部位不同，其功效和临床应用均有不同。若使用不当，不仅不能防病治病，甚至可能造成严重的不良反应和安全隐患，因此生活中和临床上都应严格区分，避免二者混淆使用。大自然的神奇安排让李时珍都感慨"物理之妙，不可测度如此"。

现代药理学研究发现，麻黄的主要成分有生物碱、黄酮、挥发油、有机酸、氨基酸、多糖和鞣质等，具有解热发汗的作用。而麻黄根的生物碱部分能抑制低热和烟碱所致的发汗，采用二氧化碳超临界流体萃取技术获得的麻黄根提取物的止汗活性很强，它们通过改变汗腺细胞的形成来减少汗液排泄而达到止汗效果。有趣的是，当使用麻黄发汗太过时，古人又会用麻黄根配糯米等研粉，外扑在身上来止汗。

　　天地合而万物生，阴阳接而变化起，此消彼长，相互依存。世间万物相生相克，麻黄与麻黄根恰好相生相反，也不知古代的医者为了熟悉像它们俩这样"刁钻"的药材的特性，付出了怎样的努力与心血。

麻黄

- ◎ 来　　源：本品为麻黄科植物草麻黄、中麻黄或木贼麻黄的干燥草质茎。
- ◎ 采　　制：秋季采割绿色的草质茎，晒干。除去木质茎、残根及杂质，切段。
- ◎ 性味归经：辛、微苦，温。归肺、膀胱经。
- ◎ 功　　能：发汗散寒，宣肺平喘，利水消肿。

麻黄根

- ◎ 来　　源：本品为麻黄科植物草麻黄、中麻黄的干燥根和根茎。
- ◎ 采　　制：秋末采挖，除去残茎、须根和泥沙，干燥。
- ◎ 性味归经：甘、涩，平。归心、肺经。
- ◎ 功　　能：固表止汗。

10

中药界的
"三苏"

　　大家都知道，唐宋八大家中有"三苏"——苏洵、苏轼、苏辙。其实，中药界也有著名的"三苏"：紫苏叶、紫苏梗、紫苏子。

　　苏轼、苏辙是兄弟，苏洵是他们的父亲；紫苏叶、紫苏梗、紫苏子则是同胞的三兄弟，它们生长于同一棵植株——唇形科植物紫苏。紫苏梗是茎；紫苏叶是叶子，有时也带一些嫩枝；紫苏子是成熟的果实。它们虽然出自同株，本领却并不同，因为在各自的领域都有突出表现，兄弟三个都被载入了2020版《中华人民共和国药典》。

紫苏梗的独白：我是大哥。虽然我在日常生活中露面的机会不多，但作为中药十分常用，理气舒郁是我的拿手功夫。我和紫苏叶都是能食用的香料，也是许多香水的原料之一。

紫苏叶的独白：我是二哥。我具有发表散寒的功效，如果人体外感了寒邪，我能够把存在于肌表的寒邪赶出去，帮助人们预防感冒。相传，华佗在重阳节那天，为几个比赛吃蟹的年轻人治疗腹痛，就是用紫苏叶煎水让他们服下。医圣华佗为我取名"紫舒"，意思是：颜色为紫色，服用后腹中舒服。后来，因为字音相近，又属草类，所以后人称我为"紫苏"。如今，我是人们餐桌上的常客，人们烹饪鱼蟹等食物时，经常会用到紫苏叶。

紫苏子的独白：我是小弟。如果说大哥紫苏梗擅长顺气，二哥紫苏叶长于散表寒，那么我的功效大抵可以用两个字概括——"降"和"润"。"降"是指降气化痰、止咳定喘，可治疗痰壅气逆，咳嗽气喘；"润"则指润燥滑肠，因此我是治疗肠燥便秘的佳品。

大哥紫苏梗擅长顺气，二哥紫苏叶长于散表寒，三弟紫苏子能够降气止咳平喘、润燥滑肠。本草中的"三苏"真可谓各怀绝技啊。

紫苏叶

◎ 来　　源：本品为唇形科植物紫苏的干燥叶（或带嫩枝）。

◎ 采　　制：夏季枝叶茂盛时采收，除去杂质，晒干。

◎ 性味归经：辛，温。归肺、脾经。

◎ 功　　能：解表散寒，行气和胃。

紫苏梗

◎ 来　　源：本品为唇形科植物紫苏的
　　　　　　干燥茎。
◎ 采　　制：秋季果实成熟后采割，除
　　　　　　去杂质，晒干，或趁鲜切
　　　　　　片，晒干。
◎ 性味归经：辛，温。归肺、脾经。
◎ 功　　能：理气宽中，止痛，安胎。

紫苏子

◎ 来　　源：本品为唇形科植物紫苏的
　　　　　　干燥成熟果实。
◎ 采　　制：秋季果实成熟时采收，除
　　　　　　去杂质，晒干。
◎ 性味归经：辛，温。归肺经。
◎ 功　　能：降气化痰，止咳平喘，润
　　　　　　肠通便。

百草之王

人参，号称百草之王。人参长着圆圆的脑袋、壮壮的身体，还有小细胳膊和腿，像极了一个小人儿。人参作为轻身延年的佳品，已有几千年的历史。

"周秦未见人参名，东汉人参非今品，梁朝人参混同用，明清人参始分明。"这概括了医药史上人参一药所经历的变化，也解释了历代医家对人参药性论述不休的原因。

随着山西上党人参的绝迹，现在的人参多指东北人参，功效虽类似，却多了一分温燥。但基于人参"仙草"之名，人们一直在探寻其背后蕴藏的巨大力量。

人参有大补元气、复脉固脱、补脾益肺、生津养血、安神益智的作用，它久负盛名的功效就是补益机体的元气。《红楼梦》中体弱气虚、形瘦神疲的林黛玉就常常服用人参养荣丸。

人参生长在中国、朝鲜、韩国、日本、俄罗斯等地，尤以中国长白山产者为最佳。人参通常生长在背阴山坡或阳光不强烈的疏林密草中。人参的种植对土地要求十分苛刻，需要腐殖质丰富的腐殖土，而且种植人参非常"累地"，人参在生长过程中对土壤养分的吸收可以说是掠夺性的。种过人参的地通被称为"老参地"，不经过相当长时期的修整和改造是不能再种植人参的。人参生长非常缓慢，待种子播入土壤，需要经过约二十个月才能发芽，长到三岁才算成年，那时人参植株会开出纤弱的花，通常等到六岁才能结出果实来。人参的果实像红宝石一样色泽艳丽，被称为人参子。采参时，人们小心地刨开泥土，把根挖出来，连根须都不能伤害，这样就能看到完整的根及根茎，也就是人参了。

为了表示对人参的喜爱，人们给它起了好多别称。因为可以"补脾胃，生阴血"，所以人参被称作黄参、血参；因为扎根土壤，吸收土地的精华，所以人参又被称作土精、地精……

一 人参的成长趣事

　　人们将人参子播种在山林间，会招来山鼠的觊觎。山鼠专吃人参子，甚至能在一夜之间将其吃光。用药杀鼠虽说又快又彻底，可是会破坏人参的生长环境，也会造成污染。那该怎么办呢？在不断地与山鼠斗智斗勇的过程中，人们想到了一个绝妙的方法——饲养山鼠的天敌：猫和蛇。就这样，人参在鼠跑猫跳的热闹环境中长大，一点都不孤单。

三 人参全身都是宝

　　人参植株全身都是宝，都能补益元气。

　　人参叶、人参花、人参子秉承了根的余气，各有特点：人参叶有补气、益肺、祛暑、生津的功效；人参花能够补气强身，延缓衰老；人参子可发痘行浆。

　　"诸花皆升，诸子皆降。"中药材中，花类药通常具有"升浮"的特性，果实类药物往往有"沉降"的药性。人参子却可以宣发肌表而发痘，又与"诸子皆降"的常见情况不同，可见人参系药材的特殊性。

三 人参皂苷Rg₃

现代研究证实，人参的有效成分为人参皂苷。目前，科学家已从人参中分离出40多种人参皂苷单体。人参皂苷Rg$_3$作为一种二醇类四环三萜皂苷，早在1980年就由日本学者北川勋制备并确定分子式。人参皂苷Rg$_3$沿袭了人参的功效，能够培元固本、补益气血，目前主要应用于抗肿瘤治疗，常与化疗配合用药，有助于提高原发性肺癌、肝癌的治疗效果，可改善肿瘤患者的气虚症状，提高机体免疫功能。

人参皂苷Rg$_3$虽好，却相当稀有。起初，人参皂苷Rg$_3$需要从蒸制后的人参的干燥根部中提取。在实现工业化生产前，全球实验室的年提纯量只能以克为单位来计算。同时，人参皂苷Rg$_3$的水溶性较差，难以被胃肠道吸收利用，费劲提纯后到人体又惨遭浪费。然而以上问题都在科学家的不懈努力下被一一攻克，现在水溶性人参皂苷Rg$_3$已实现工业化生产，并已投入使用，造福人类健康。

人参

◎ 来　　源：本品为五加科植物人参的干燥根和根茎。
◎ 采　　制：多于秋季采挖，洗净经晒干或烘干。
◎ 性味归经：甘、微苦，微温。归脾、肺、心、肾经。
◎ 功　　能：大补元气，复脉固脱，补脾益肺，生津养血，安神益智。

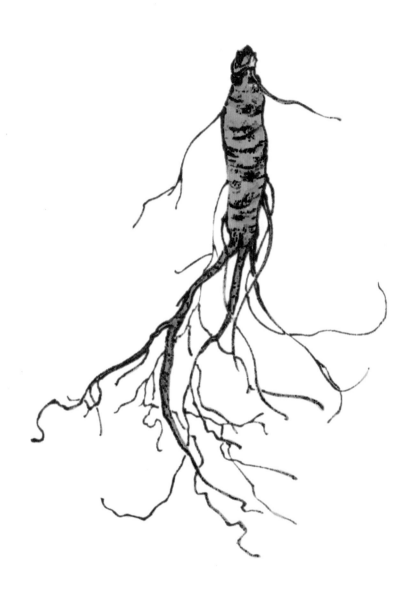

人参叶

◎ 来　　源：本品为五加科植物人参的干燥叶。
◎ 采　　制：秋季采收，晾干或烘干。
◎ 性味归经：苦、甘，寒。归肺、胃经。
◎ 功　　能：补气，益肺，祛暑，生津。

12

莲全身
都是宝

在中国的传统文化里，莲具有丰富的内涵，无数文人墨客留下了大量关于莲的诗文。杨万里用"接天莲叶无穷碧，映日荷花别样红"描述莲花生长的美景；周敦颐在《爱莲说》中用"出淤泥而不染，濯清涟而不妖"写其生长习性，突出莲花高洁的品格。其实，除了丰富的文化价值，莲也具备极高的实用价值，这在中医药领域有着更深刻的体现。

第一眼看到莲，我们首先注意到的就是那盛放的花。我们对药用莲花与观赏莲花的要求不同，未开放、花瓣整齐、气清香的大花蕾才算得上佳品。已经开放的莲花也不会被浪费，其花瓣阴干后也能入药。阴干后的花瓣虽然失去了原来粉嫩的色彩，但药用价值丝毫不受影响。

　　莲花具有散瘀止血、祛湿消风的功效。患者因湿热内蕴同时外感风邪蕴于肌肤，导致肌肤失于濡养而瘙痒不已时，可以考虑应用莲花来改善病情。

莲花

拨开莲花层层叠叠的花瓣，可以看到金黄色的雄蕊，在夏季花开时选晴天采收，盖纸晒干或阴干后即得到中药莲须。与鲜莲须明亮张扬的色彩相对的是其甘涩而平的性味。甘味具有补益、和中、缓急的作用；涩味功似酸味，《黄帝内经·素问·藏气法时论》最早提出"酸收"，《本草从新》进一步拓展为"凡酸者，能涩，能收"，由此派生出酸味、涩味"收敛固涩"的作用，可用来治疗精气耗散、滑脱不收的病证。也正是因为同时具备甘味和涩味，莲须才有固肾气、涩肾精的功效。

被莲须众星拱月式簇拥着的是鲜嫩青翠的莲蓬。莲蓬又称莲房，是一个倒圆锥形的海绵质花托，新鲜的时候绿得清心宜人。秋季果实成熟时割下莲蓬，除去莲子及梗，将其晒干后便可入药。莲蓬晒干后就变成了低调内敛的灰棕色或紫棕色，具有化瘀止血的功效。元代葛可久的《十药神书》总结前人经验后提出："大抵血热则行，血冷则凝，见黑则止……"取净莲房切碎后煅制成莲房炭，收敛止血功效更佳，这也表明了中医"炭药止血"理论的合理性。

莲须

◎ 来　　源：本品为睡莲科植物莲的干燥雄蕊。
◎ 采　　制：夏季花开时选晴天采收，盖纸晒干
　　　　　　或阴干。
◎ 性味归经：甘、涩，平。归心、肾经。
◎ 功　　能：固肾涩精。

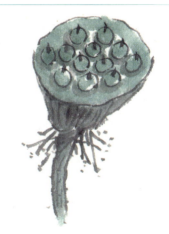

莲房

◎ 来　　源：本品为睡莲科植物莲的干燥花托。
◎ 采　　制：秋季果实成熟时采收，除去果实，
　　　　　　晒干。
◎ 性味归经：苦、涩，温。归肝经。
◎ 功　　能：化瘀止血。

剥开莲蓬便可得到一颗颗椭圆形、淡绿色的莲子。莲子具有补脾止泻、养心安神之功效。李时珍形容莲子"禀清芳之气，得稼穑之味，乃脾之果也"，意思是莲子有清新芬芳的气味，有庄稼的味道，是一种补益脾胃的果子，所以莲子常与各种谷物一同被熬制成营养丰富的粥品。不过，《本草备要》强调："大便燥者勿服。"用莲子作为食补的材料虽常见，但还是要根据身体情况选择食用。

　　如果将新鲜剥出的莲子直接塞进嘴里，舌头上会感到一阵清苦。《本草拾遗》记载莲子"生则胀人腹，中薏令人吐，食当去之"，这里的"薏"指莲子子叶中心的青嫩胚根，即莲子心。虽说莲子心孕育于莲子当中，但其性味与莲子不甚相同。莲子心味苦性寒，正是这一抹幽幽的苦味让莲子心能够清热泻火、安神除烦、交通心肾。炎炎夏日饮上一杯莲子心茶，便可缓解心烦身热、胃口不佳、失眠燥火等症状。需要注意的是，本品苦寒败胃，脾胃虚弱的人并不适合多饮。

莲子

◎ 来　　源：本品为睡莲科植物莲的干燥成熟种子。
◎ 采　　制：秋季果实成熟时采割莲房，取出果实，除
　　　　　　去果皮，干燥，或除去莲子心后干燥。

◎ 性味归经：甘、涩，平。归脾、肾、心经。
◎ 功　　能：补脾止泻，益肾涩精，养心安神。

莲子心

◎ 来　　源：本品为睡莲科植物莲的成熟种子中
　　　　　　的干燥幼叶及胚根。
◎ 采　　制：秋季果实成熟时采割莲房，取出果
　　　　　　实后取出莲子心，晒干。
◎ 性味归经：苦，寒。归心、肾经。
◎ 功　　能：清心安神，交通心肾，涩精止血。

红花还需绿叶衬，了解完莲花，再来看一看生于其周围的一片片翠绿的叶。莲叶不仅为池塘遮阴，而且是一味清暑化湿的中药。如果遇上暑热炎炎，湿滞不化而出现烦渴食少，不妨泡点荷叶茶消暑利湿。不过，荷叶虽性味平和，然终究偏凉，脾胃较虚不宜受凉的人还是不要食用为好。

看完莲的地上部分，再来说一说埋于淤泥之下的藕。藕是莲的根茎，日常生活中常见用藕煲汤、做菜。莲藕最初也只是用来充饥解饿的食物：早在一亿多年前，莲作为一种生命力特别顽强的植物就已经在长江、黄河流域扎根生长。到一百七十万年前，原始人类采摘野果充饥，莲子和藕就此登上中华食谱。进入新石器时代之后，原始农耕文化出现，人们在靠水的区域聚居，对莲有了进一步的了解和应用。

藕节是藕的节部，一般在秋冬季节挖出，洗净后呈现灰黄色或灰棕色。藕节味甘、涩，具有止血消瘀的功效。与莲房类似，藕节也可以炒制成藕节炭，增强其止血的功效。

"青荷盖绿水，芙蓉披红鲜。"莲不仅为人们带来视觉和味觉的享受，也用身体的各个部位守护着人们的健康。

荷叶

◎ 来　　源：本品为睡莲科植物莲的干燥叶。
◎ 采　　制：夏、秋二季采收，晒至七八成干时，除去叶柄，折成半圆形或折扇形，干燥。
◎ 性味归经：苦，平。归肝、脾、胃经。
◎ 功　　能：清暑化湿，升发清阳，凉血止血。

藕节

◎ 来　　源：本品为睡莲科植物莲的干燥根茎节部。
◎ 采　　制：秋、冬二季采挖根茎（藕），切取节部，洗净，晒干，除去须根。
◎ 性味归经：甘、涩，平。归肝、肺、胃经。
◎ 功　　能：收敛止血，化瘀。

13 粪便也能入药？

你一定很好奇：粪便也能入药治病吗？没错，现代医学研究表明，肠道菌群不仅影响宿主的健康，甚至会在一定程度上干预宿主的行为活动。这为曾经备受诟病的人中黄、金汁等将人体排泄物通过一定炮制所制成的中药的应用提供了理论支撑。

自2004年以来，在《自然》《科学》等顶级学术期刊上发表的有关肠道菌群与疾病和健康关系的论文已有上百篇。科学研究发现，将健康人的粪便菌群移植到严重腹泻患者的体内，可有效缓解病情。"以粪入药"的神奇疗效让医学界惊叹！

中医将粪便入药由来已久，也颇有讲究。例如：兔子屎入药叫望月砂，鸡屎入药叫鸡矢白，蝙蝠屎入药叫夜明砂，麻雀屎入药叫白丁香，鸽子屎入药叫左盘龙，复齿鼯鼠（寒号鸟）的屎入药叫五灵脂，蚕屎入药叫蚕沙……

下面就以五灵脂和蚕沙为例，向大家进行简要介绍。

⊙ 五灵脂

　　五灵脂为鼯鼠科动物复齿鼯鼠的干燥粪便。"灵脂"与"凝脂"二字谐音，李时珍曰："其屎名五灵脂者，谓状如凝脂而受五行之灵气也。"这便是其名字的由来。五灵脂能活血止痛、化瘀止血，是妇科要药。现代药理研究发现，此药有缓解平滑肌痉挛、增加血管通透性的作用，可用于治疗冠心病、心绞痛以及胃十二指肠溃疡等疾病。

　　五灵脂本身无毒副作用，但因活血之力较强，促进血液流通，从而刺激子宫，导致子宫收缩或者扩张，严重可能导致流产，故孕妇禁用。同时，"人参畏五灵脂"是中药配伍禁忌"十九畏"中的一畏，意思是在中药配伍过程中人参不宜与五灵脂同用。中药"十九畏"是作为配伍禁忌被提出来的，指的是某些药物合用会产生或增强毒副作用，或降低、破坏药效。人参与五灵脂一补一泻，何以成为"畏药"尚待进一步研究，若无充分把握切勿同时使用。

五灵脂

◎ 来　　源：本品为鼯鼠科动物复齿鼯鼠的干燥粪便。
◎ 采　　制：全年可采，但在春、秋季为多，春季采者品质较佳，采得后，
　　　　　　拣净沙石、泥土等杂质，晒干。
◎ 性味归经：苦、甘，温。归脾、肝经。
◎ 功　　能：活血止痛，化瘀止血，消积解毒。

（三）蚕沙

　　蚕沙为蚕蛾科昆虫家蚕幼虫的干燥粪便。相信很多人对蚕沙并不熟悉，此物虽然听之不雅，可它在中医里面有很大的用处。

　　中医药典籍中便有不少关于蚕沙的记载，比如李时珍的《本草纲目》中有述蚕沙"性燥，燥能胜风去湿，故蚕沙主疗风湿之病"，即蚕沙属于辛温性燥之物，入药能通能散，在外可祛风邪，在内可除寒湿，故而对多种风邪、寒邪等引起的痹证有一定的缓解作用。可见蚕沙乃是一味祛风除湿、通经活络的良药。

　　民间流传着蚕沙的妙用：气候潮湿地区的人将洗净的蚕沙装入纱布袋中，然后在锅内蒸透，最后趁热外敷，用于止痛。另有直接以蚕沙煎汤，然后用温酒送服，亦可以起到较好的散寒通络而止痛的作用。

　　此外，以蚕沙为主药，辅以其他中药，还可以制成枕芯。夜间睡眠时，药枕的有效成分缓缓释放，经呼吸入肺，能促进血液循环，疏通气血，调和脏腑。这种药枕尤甚适用于婴幼儿和老年人及其他睡眠质量不佳人群。

蚕沙

◎ 来　　源：本品为蚕蛾科昆虫家蚕幼虫的干燥粪便。

◎ 采　　制：夏季收集二眠至三眠时排出的粪便，除去杂质，
　　　　　　晒干。

◎ 性味归经：甘、辛，温。归肝、脾、胃经。

◎ 功　　能：祛风除湿，和胃化浊，活血通经。

三 尿激酶——从尿里提取的西药

　　尿液相伴人的一生，但很难把它和"有用"联系起来，至多不过是农人拿去施肥的原料罢了。但小便入药古已有之，早在长沙马王堆汉墓出土的帛书《五十二病方》中就有应用童子尿治病的记载。尿液在古书中有"轮回酒""还元汤"之称，李时珍的《本草纲目》记载："小便性温不寒，饮之入胃，随脾之气上归于肺，下通水道而入膀胱，乃其旧路也。故能治肺病，引火下行。凡人精气，清者为血，浊者为气；浊之清者为津液，清之浊者为小便。小便与血同类也，故其味咸而走血，治诸血病也。"

　　无独有偶，西方科学家也发现了尿液的作用。现代研究表明，尿液中95%是水，剩下的则是一些含氮有机物和各种无机物，而尿激酶就藏在含量很少的"其他成分"中。1947年，英国科学家麦克法兰和皮林在《自然》上发表了一篇关于尿液中纤维蛋白溶解活动的文章，这引起了人们对尿激酶的研究兴趣。虽然有了这个开端，但由于尿激酶在尿液中的含量极少，从人尿中提纯时，往往需要大量尿液，所以会出现"小便贵如油"的现象。除了直接从尿液中提取，尿激酶也可以通过组织培养的方法获得，但因为存在伦理与安全性方面的问题，所以未能大规模开展。尿激酶从发现到真正应用于临床经历了相当长的时间。现在随着基因重组技术的进步，人们已能人工合成尿激酶服务于临床。

目前，除尿激酶以外，国内外研究者还从人尿中提取了多种生化药品，如人绒毛膜促性腺激素、人尿促性激素等。从传统中医用童子尿治病到现代医学中尿激酶的应用，医学界一直热衷于探索人体尿液中的奥秘，这不失为一场变废为宝的革命。

14

药食同源：
垃圾桶中的宝藏

在多数人看来，西瓜皮、橘子皮、玉米须是没用的垃圾，应该扔进垃圾桶。其实，它们在本草界也占有一席之地呢。

一 西瓜皮

西瓜，盛夏的瓜果之王，皮薄瓤红、甘甜多汁，是老少皆宜的解暑佳品。除却具有"天然白虎汤"美誉的果瓤外，西瓜最外层的无人问津的薄薄青皮，也是清暑涤热、生津止渴的良药，古籍称之为"西瓜翠衣"。

西瓜翠衣即西瓜皮，也叫西瓜翠、西瓜青，表面有着深浅相间的绿色波浪纹，触感光滑清凉，刨下对着亮处查看，透明青翠，犹如碧玉。现代研究发现，其中含大量葡萄糖、果糖、生物碱、氨基酸，能够消炎降压。吃西瓜别扔西瓜皮，我们可用刨刀将含有蜡质的青皮表皮层刨下，晒干保存。夏日烦躁口渴、口舌生疮时，将其焙干研末外用，可清暑敛疮；秋冬咽喉干痛、干咳不止时，将其煎汤代茶饮，可利咽止咳。

西瓜皮是药材，也是药膳的食材。其含糖量远低于瓜瓤，糖尿病人也能吃。只要搭配上合适的肉类、蔬菜，加以蒸、煮、拌、炒等家常烹饪技法，便能用西瓜皮做出一道道别有风味的营养菜肴。

西瓜皮

◎ 来　　源：本品为葫芦科植物西瓜的外层果皮。
◎ 采　　制：夏季收集西瓜皮，削去内层柔软部分，洗净，晒干。
　　　　　　也有将外面青皮削去，仅取其中间部分者。
◎ 性味归经：甘，凉。归心、胃、膀胱经。
◎ 功　　能：清热解暑，止渴，利尿。

（三）陈皮

　　陈皮是芸香科植物橘及其栽培变种的干燥成熟果皮，是一味古老的理气中药。《本草纲目》有言，陈皮"苦能泄、能燥，辛能散，温能和"。陈皮味苦、辛，性温，能理气健脾、燥湿化痰。陈皮产地分布于我国长江以南各地区，然其中久负盛名者当数广东新会所产之新会陈皮，其营养价值高，位列广东三宝之首。

　　陈皮历来是药食两用之佳品。从餐桌上的佐餐菜、配茶汤，到零食铺子里的陈皮梅、陈皮干，再到理气健脾、开胃消食的中药，陈皮早已融入我们的生活。

　　一两陈皮一两金。好陈皮的制作，离不开岁月的打磨。随年份增长，陈皮的颜色由鲜、浅渐变为沉、深，而对光油室仍通透清晰，气味则由果酸味向柑香、樟香演变。用五年以上的陈皮泡出来的茶汤呈黄红或枣红色，入口甘香醇厚。

　　陈皮越陈，药性越强，这是因为陈皮中的挥发油、多糖、黄酮类化合物等活性物质，随陈化时间延长，发生了神奇的动态变化，使陈皮具有了抗炎、抗病毒、抗癌等作用。翻晒、陈化、保存……经过细心的呵护与漫长的等待，常被随手丢弃在垃圾桶里的橘皮，已褪去辛涩刺激，代之以清透醇和的药香，慢慢沁润着每一寸时光。

🞉 玉米须

玉米须，又名龙须、玉麦须、玉蜀黍须等，是禾本科植物玉蜀黍的花柱和柱头，呈黄绿色至棕红色，常集结成疏松团簇，柔软而有光泽。我国玉米产业链发达，玉米市场需求庞大，但玉米须大多都作为农业废弃物和生活垃圾被焚烧、丢弃了。

许多人不知道的是，玉米须其实是我国传统的中草药，最早载于《滇南本草》，其味甘性平，安全无毒，归膀胱、肝、胆经，可以利尿消肿，利湿退黄。俗言道："一把玉米须，堪称二两金。"现代大量药理学研究也表明，玉米须具有糖类、黄酮类、多酚类、甾醇类等成分，可抗氧化、抗肿瘤、降血糖、降血脂，能纠正人体的代谢紊乱，具有很好的养生保健作用。

玉米须不但是一味传统中药，也是药食兼用资源，是厨房里的良药。1979年出版的《四川中药志》就记载了玉米须的食品化应用：玉米须熬水炖肉服，可治吐血。随着历史发展以及食疗食补知识的普及，聪慧的百姓创造了多种玉米须食用方法。泡煎煮煲、茶汤粥饮，饭桌上的玉米须与不同的食材交汇配伍，已然融入了人们的日常饮食。

玉米须

◎ 来　　源：本品为禾本科植物玉蜀黍的花柱和柱头。

◎ 采　　制：于玉米成熟时采收，摘取花柱，晒干。

◎ 性味归经：甘、淡，平。归膀胱、肝、胆经。

◎ 功　　能：利尿消肿，清肝利胆。

15

五果为助

中国最早的医学典著《黄帝内经》中清楚阐述了饮食的总纲："五谷为养，五果为助，五畜为益，五菜为充。"五果在古代指的是李、杏、枣、桃、栗，现在泛指鲜果、干果和坚果类食物。水果，是指多汁且主要滋味为甜味和酸味的可食用的植物果实。水果中的淀粉、蛋白质的含量不及谷类、豆类，但其中含有的丰富的维生素以及柠檬酸、苹果酸等有机酸，对人体健康大有益处。

无花果：无花是世人对我的最大误解

　　无花果是世界上最古老的栽培果树之一，经济价值较高。据记载，无花果大概在汉代传入中国，因其果形似馒头，南方多称为"木馒头"，并始称"无花果"。无花果的果实不仅可以鲜食，还可以加工成果酱、果脯、果汁等多种产品。我国十分重视无花果的研究开发工作。

　　大多数人可能以为无花果没有花，其实无花果有花，但花序为隐头花序，花序轴下凹成中空的球体，一朵朵小花就藏在其中，所以取名"无花"。人们在食用时，咬下去的是那膨大成肉球的花托及其他花器。

　　无花果含丰富的营养成分，其药用价值也很高。《救荒本草》《滇南本草》和《本草纲目》中均有提及无花果。无花果具有健胃清肠、消肿解毒的功效，主要用于治疗食欲不振、咽喉肿痛、咳嗽多痰等症状。

无花果

◎ 来　　源：本品为桑科榕属植物无花果的果实，其根及叶也入药。

◎ 采　　制：根全年可采；果、叶夏秋采，晒干用或鲜用。

◎ 性味归经：果：甘，凉。归肺、胃、大肠经。

　　　　　　根：甘，平。叶：甘、微辛，平，小毒。

◎ 功　　能：果：清热生津，健脾开胃，解毒消肿。

　　　　　　根：清热解毒，散瘀消肿。叶：清湿热，解疮毒，消肿止痛。

🌀 樱桃：酸酸甜甜祛风湿

　　有果红艳如玛瑙、晶莹透亮，果形颇似桃，又圆如璎珠，得名"樱桃"，此名首载于《吴普本草》。

　　樱桃在中国久经栽培，在落叶果树中属于成熟最早的水果，再加上具有艳红的色泽和杏仁般的香气，素以"春果第一枝"而闻名。樱桃多供食用，除鲜食，还可以加工制作成樱桃酱、樱桃汁等，其枝、叶、根、花也可供药用。据古书记载，樱桃"治一切虚症，能大补元气，滋润皮肤……浸酒服之，治左瘫右痪，四肢不仁，风湿腰腿疼痛"。

　　临床实践及实验研究表明，樱桃具有降尿酸、抗痛风、抗炎镇痛、改善睡眠质量等作用。此外，樱桃所富含的花青素是一种抗氧化剂，能够软化血管、降低血脂、延缓衰老。不过，樱桃核中含有一定量的氰苷，千万不能误食。

三 山楂：消食小能手

　　古老的山楂，起初不称"山楂"。《尔雅》中所记载的"朹"，被认为是山楂的古名。李时珍根据晋代郭璞的注释引述，"朹树如梅，其子大如指头，赤色似小柰，可食。此即山楂也"。

　　山楂是我国特有的药果兼用树种，果可生吃，也可制作果脯果糕，山楂片、山楂糕、糖葫芦等都是山楂的化身。山楂是健脾开胃、消食化滞、活血化瘀的良药。《本草纲目》有言，山楂"化饮食，消肉积癥瘕，痰饮痞满吞酸，滞血痛胀"。山楂对胸膈痞满、疝气、血瘀、闭经等均有很好的疗效。

　　要强调的是，山楂不能空腹吃！它含有丰富的山楂酸、柠檬酸等酸性物质，空腹食用会使胃酸猛增，对胃黏膜造成不良刺激，使胃发胀、泛酸，增加饥饿感并加重原有的胃痛。故脾胃虚弱无积滞者或胃酸分泌过多者慎用。此外，孕妇忌食山楂。

櫻桃

◎ 来　　源：本品为蔷薇科植物樱桃的果实。

◎ 采　　制：早熟品种，一般5月中旬采收，中晚熟品种随后可陆续
　　　　　　采收。

◎ 性味归经：甘，温。归脾、胃、肾经。

◎ 功　　能：补血益肾。

16

载入遗传学史册
的明星

 豌豆

如果一种开紫花的豌豆和一种开白花的豌豆结合在一起，它们的后代会开出什么颜色的花？是一半白一半紫的花，还是浅紫色的花？19世纪，奥地利科学家孟德尔也很好奇。他通过实验发现，紫花豌豆和白花豌豆结合后，下一代的豌豆居然全开紫花，再下一代却开出了紫白相间的花，这就是著名的孟德尔豌豆杂交实验。小小的豌豆就此揭开了生物遗传的奥秘。

豌豆是我们餐桌上的常客，那绿油油的小球对改善烦热口渴有良好作用，且作为低热量食物受到广大减肥人群的青睐，常常出现在轻食菜谱中。

　　豌豆能和中下气，通乳利水，解毒，对于因湿阻脾胃导致的腹胀呕吐、皮肤浮肿等都有一定作用。药食同源的豌豆在平时可以做菜吃，对于糖尿病引起的多饮、多食、多尿、形体消瘦，有一定的改善作用。

　　现代药理学研究发现，豌豆中不但含有丰富的碳水化合物、蛋白质、维生素等营养成分，还含有多肽、膳食纤维、胰蛋白酶抑制剂、酚类物质等多种功效成分，具有抗菌、抗氧化、抗癌、降血压、降血糖等作用。

豌豆

◎ 来　　源：本品为豆科植物豌豆的种子。
◎ 采　　制：秋季果实成熟时采摘，晒干。
◎ 性味归经：甘，平。归脾、胃经。
◎ 功　　能：和中下气，利小便，解疮毒。

17 神秘的
沉香

"燎沉香，消溽暑。鸟雀呼晴，侵晓窥檐语。"北宋词人周邦彦的《苏幕遮·燎沉香》描绘了萦绕着沉香之气的雨后夏日清晨的景象，读起来让人畅怀。

沉香，自古就是名贵香料，位列"沉、檀（檀香）、龙（龙涎香）、麝（麝香）"四大名香之首。之所以得名"沉香"，是因为它具有"入水即沉"的特性。

传统沉香主要指瑞香科沉香属的数种植物在受伤后分泌的具有特殊香味的树脂和木材的混合物。目前，瑞香科植物土沉香（又名"白木香"）是我国沉香的唯一植物来源，被2020版《中华人民共和国药典》列为正品。

《本草纲目》记载："木之心节置水则沉，故名沉水，亦曰水沉。半沉者为栈香，不沉者为黄熟香。"是否沉水是历代评价沉香品质的重要依据，按沉水、半沉、不沉的差别，沉香被分成沉、栈、黄熟三个等级，这三个等级恰好反映了沉香油脂含量的多寡。含油丰富者，入水下沉或半沉，反之则入水不沉。如今，国产沉香有黑褐色与黄色相间的斑纹，多不沉水；进口沉香常有黑色、黄色交错的纹理，能沉水或半沉水。

沉香气味清幽绵长，历来颇受文人雅士的喜爱。本文开头提到的"燎沉香，消溽暑"就是指焚烧沉香可以消解暑秽溽闷，营造洁净的居室环境。这种专门在居室或帐帷中使用的香，在古代被称为"帐中香"或"帷中香"。相传，南唐后主李煜调制的"鹅梨帐中香"就是由沉香和鹅梨汁制作而成的。馥郁的沉香与清甜的鹅梨交融为一体，不啻帐帷中调神安眠之佳品。

沉香作为药用首见于南北朝陶弘景的《名医别录》，被列为上品。《名医别录》云其"治风水毒肿，去恶气"。按陶弘景的说法，当时的沉香"不正复入药"，即尚不作为常规用药，并非世俗医家习用，只是"道方颇有用处"，以治疗"恶核毒肿"。东晋葛洪的《肘后备急方》中就记载了一张治疗"恶肉，恶脉，恶核，瘰病风结肿气痛"的含有沉香的"五香连翘汤"。

后来，随着沉香的广泛流通，世人对其功效、应用的认识与日俱增。现今沉香被纳入中药的理气药范畴，最新版药典记载其味辛、苦，性微温，归脾、胃、肾经，具有行气止痛、温中止呕、纳气平喘的功效。

沉香"以气（香）用事"，自然不可不言其芳香辟秽之功，《名医别录》所说的"去恶气"正是此意。古代治疗口臭的方子里都可见到沉香，比如，《备急千金要方》中有一张由沉香、藁本、白瓜瓣等组成的"治七孔臭气，皆令香方"，已不单是辟除口臭，更能"令举身皆香"。沉香辟秽更是被用于驱邪防疫，《香乘》中收录的清秽香"解秽气避恶气"，清镇香"清宅宇，辟诸恶秽"，它们皆配以沉香；《松峰说疫》里提到的福建香茶饼由沉香、白檀、儿茶、粉草、麝香、冰片制得，"不时噙化"，能"避一切瘴气温疫，伤寒秽气"。

现代药理学的研究证实，包含沉香在内的多种芳香药可以抑制病毒、细菌的活性，提高机体免疫力，进而发挥防治疫病的作用。采用沉香、艾叶、菖蒲等芳香药制备的香囊，就具有一定的防疫功效。

沉香

◎ 来　　源：本品为瑞香科植物白木香含有树脂的木材。
◎ 采　　制：全年均可采收，割取含树脂的木材，除去不含树脂的部分，阴干。
◎ 性味归经：辛、苦，微温。归脾、胃、肾经。
◎ 功　　能：行气止痛，温中止呕，纳气平喘。

18

秋梨膏

你是否经历过一到秋天就停不下来地干咳？喉咙里痒痒的，得时不时地大声咳嗽几声，没有痰，或有痰却黏如拉丝，嗓子眼则时不时"冒火"，拼命咽下口水也无济于事。那么此时，你或许就需要一勺秋梨膏来解决问题。

相传唐武宗李炎患病，终日口干舌燥，心热气促，服了上百种药物都不见疗效，御医束手无策。偶然间一名道士入宫，用梨、蜂蜜及各种中草药配伍熬制成蜜膏，治好了皇帝的病。从此，这秋梨膏就成了宫廷秘方，直到清代才走出宫廷，走进了寻常百姓家。

秋梨膏的用药很朴素，配方中最要紧的便是秋日里随处可见的梨，一般为蔷薇科植物白梨、沙梨、秋子梨等的果实。2020版《中华人民共和国药典》所收录的川贝雪梨膏，用的就是雪梨。《本草通玄》中曾这么评价梨："生者清六腑之热，熟者滋五脏之阴。"意思是梨子生吃可以清身体的内热，蒸熟了吃能够给身体补养液体。梨味甘、微酸而性凉，有滋阴润燥、清热化痰、生津除烦的功效，所以将梨熬制成膏自然有润肺止咳的功用。

除了香甜的梨，润燥的蜂蜜也是必不可少的。甜甜的蜂蜜不仅能调节口感，还具有润燥的本领，因此常出现在止咳药中。

除了梨和蜂蜜，秋梨膏里还有其他润肺止咳生津的药物辅佐，比如润燥生津的生地、麦冬、葛根，润肺止咳的川贝母，补中益气的大枣、甘草等。

秋梨膏用其凉润以化解秋日的温燥。秋风起，秋梨黄，摘果实一篮，起炉火一方，慢慢熬炼。一方膏养一秋人，酸甜之间，口水吞咽，喉间干涩便去，肺间燥火得熄。

梨

◎ 来　　源：本品为蔷薇科植物白梨、沙梨、秋子梨栽培品种的果实。

◎ 采　　制：8 月至 9 月，当果皮呈现该品种固有的颜色，有光泽和香味，种子变为褐色，果柄易脱落时，即可适时采摘。轻摘轻放，不要碰伤梨果和折断果枝。

◎ 性味归经：甘、微酸，凉。归肺、胃、心、肝经。

◎ 功　　能：清肺化痰，生津止渴。

麦冬

◎ 来　　源：本品为百合科植物麦冬的干燥块根。
◎ 采　　制：夏季采挖，洗净，反复暴晒、堆置，至七八成干，除去须根，干燥。
◎ 性味归经：甘、微苦，微寒。归心、肺、胃经。
◎ 功　　能：养阴生津，润肺清心。

葛根

◎ 来　　源：本品为豆科植物葛的干燥根，习称野葛。
◎ 采　　制：秋、冬二季采挖，趁鲜切成厚片或小块，干燥。
◎ 性味归经：甘、辛，凉。归脾、胃、肺经。
◎ 功　　能：解肌退热，生津止渴，透疹，升阳止泻，通经活络，解酒毒。

19

龟苓膏

在我国南方有一道清爽可口、广为人知的凉品，也是一道古法药膳，其配制技艺入选了国家级非物质文化遗产名录，它就是龟苓膏，是药食同源的典型代表。

据说，龟苓膏原本只是一碗普通药汤。相传在三国时期，诸葛亮带兵南征，驻军于今广西梧州一带。将士们初到南方，水土不服，以致上吐下泻，严重影响了军队战斗力。诸葛亮急忙找当地人查问，方得知梧州气候湿热，动植物死后腐败迅速，容易产生热毒，加上这里多雾少风，渐渐就形成了瘴气。当地医师为军队献上妙方，以本地特产乌龟、土茯苓熬汤饮用，效果果真很好，虚弱无力的将士们很快痊愈了。这种药汤后来被命名为龟苓膏，慢慢演变成今天我们所熟悉的样子。

从名字不难看出，龟板和土茯苓是龟苓膏的主要成分。龟板滋阴潜阳，土茯苓解毒祛湿、通利关节，二者相得益彰，再辅以金银花、蒲公英、菊花等清热解暑的药材，经多道传统工艺精心制作后，即得到成品龟苓膏。龟苓膏外观黑亮清透，入口爽滑清凉、微苦回甘。

龟苓膏能滋阴润燥、降火除烦、清利湿热、凉血解毒，可用于缓解上火导致的口疮，津液不足导致的便秘，湿热导致的小便黄赤、皮肤瘙痒、疮疡等症状。

龟苓膏功效虽多，但也有一些服用禁忌。它偏寒凉，体质虚寒或处于经期的女性不宜服用；龟苓膏中的龟板有促进子宫收缩和血液循环的作用，所以孕妇不宜食用龟苓膏；另外，一些肠胃不佳的人食用后容易发生腹痛和腹泻，也少吃为妙。

闽南的烧仙草与龟苓膏外形极为相似，但并不相同。烧仙草的主原料为凉粉草，凉粉草又名仙草，本身也有药效，能消暑清热、凉血解毒，故烧仙草也具有清热解暑的功效，但效果较弱，不敌龟苓膏，其寒性也小，更适宜作为休闲零食。

一碗小小的果冻状龟苓膏，发源于湿热的南部，承载着上千年的中医药智慧，带着苦甘的中草药香气，传遍大江南北，写就了一段美味的传奇。

龟板

◎ 来　　源：本品为龟科动物乌龟的背甲及腹甲。
◎ 采　　制：全年均可捕捉，以秋、冬二季为多。
◎ 性味归经：咸、甘，微寒。归肝、肾、心经。
◎ 功　　能：滋阴潜阳，益肾强骨，养血补心，固经止崩。

土茯苓

◎ 来　　源：本品为百合科植物光叶菝葜的
　　　　　　干燥根茎。
◎ 采　　制：夏、秋二季采挖，除去须根，
　　　　　　洗净，干燥；或趁鲜切成薄片，
　　　　　　干燥。
◎ 性味归经：甘、淡，平。归肝、胃经。
◎ 功　　能：解毒，除湿，通利关节。

蒲公英

◎ 来　　源：本品为菊科植物蒲公英、碱地蒲公英或同属数种植物的干燥全草。

◎ 采　　制：春至秋季花初开时采挖，除去杂质，洗净，晒干。

◎ 性味归经：苦、甘，寒。归肝、胃经。

◎ 功　　能：清热解毒，消肿散结，利尿通淋。

凉粉草

◎ 来　　源：本品为唇形科植物凉粉草的干燥地上部分。

◎ 采　　制：6月至7月收割地上部分，晒干。或晒至半干，
　　　　　　堆叠闷之使发酵变黑，再晒至足干。

◎ 性　　味：甘、淡，寒。

◎ 功　　能：消暑清热，凉血解毒。

20

饺子里的
中医药智慧

饺子是一种包着馅的半圆形面食，是我国的传统美食。制作饺子时，人们通常将肉菜搅碎一同拌馅，看似平常的选料与制作却具有浓浓的中医药智慧。

㊀ 饺子与医圣的传说

　　饺子是谁发明的，今天似已无从稽考，但关于饺子由来的民间传说有不同的版本，其一便与医圣张仲景有关。

　　相传，一年寒冬，雪花纷飞，寒风刺骨。张仲景在返乡途中看到很多无家可归的老百姓把耳朵都冻烂了，他心里十分难受。回到家后，他潜心研制了一个可以御寒的食疗方子，名叫"祛寒娇耳汤"，"娇耳"就是把羊肉和一些祛寒的药物用面皮包成耳朵的样子。张仲景把"祛寒娇耳汤"分发给老百姓吃，人们吃完浑身发暖，两耳生热，吃了一段时间后，冻伤也好了。后来，人们便有了在冬天吃"娇耳"的习惯。由于"娇耳"这名字有些拗口，久而久之就被叫成了"饺儿"和"饺子"。

三 饺子里的"膳食宝塔"

中国居民平衡膳食宝塔从底层到顶层分别为水、谷薯类、蔬菜水果类、动物性食物、奶及奶制品和大豆及坚果类、盐油。面粉做的饺子皮，肉菜和的馅，再打个鸡蛋或加点豆腐，滴一点食用油，就这样，一个小小的饺子组装成一整个"膳食宝塔"，满足人体全方位的营养需求。

茴香饺子、白菜饺子、韭菜饺子……馅儿里不同的蔬菜也给了饺子不同的效用。

茴香：茴香的气味格外强烈，其嫩茎嫩叶常作为蔬菜食用，被称为"茴香菜"。它的味道很多人第一次尝试时无法接受，但茴香菜仍是北方常见的饺子馅。性温的茴香菜，具有健胃、散寒的功效。而茴香成熟的果实被称为小茴香，是常见中药，能够散寒止痛，理气和胃。

白菜：白菜富含粗纤维，能帮助人体肠胃消化，促进排毒，有消食、利肠胃的功效，更能生津止渴，除胸中烦热，补充身体所缺维生素。

韭菜：割一茬长一茬的韭菜仿佛是生命力的象征，是具有补肾温阳、行气散瘀功效的常见蔬菜。它有着强烈的异香，作为饺子馅更能令人垂涎。韭菜同样富含维生素和粗纤维，能促进胃肠蠕动，具有预防便秘的作用。

一碗热腾腾的饺子承载了以热御寒的中医智慧，承载着面、菜、肉、豆、油齐全的膳食宝塔，还承载着医圣张仲景对世人的大爱。

小茴香

◎ 来　　源：本品为伞形科植物茴香的果实。
◎ 采　　制：秋季果实初熟时采割植株，晒干，
　　　　　　　打下果实，除去杂质。
◎ 性味归经：辛，温。归肝、肾、脾、胃经。
◎ 功　　能：散寒止痛，理气和胃。

韭菜

◎ 来　　源：本品为百合科葱属韭。
◎ 采　　制：鲜用。
◎ 性味归经：辛，温。归肝、胃、肾、肺、脾经。
◎ 功　　能：补肾，温中行气、散瘀、解毒。

白菜

◎ 来　　源：本品为十字花科植物青菜的叶。

◎ 采　　制：鲜用或晒干。

◎ 性味归经：甘，凉。归肺、胃、大肠经。

◎ 功　　能：清热除烦，生津止渴，清肺消痰，通利肠胃。

21

美味咖喱里
藏着的中药香料

很多人喜欢吃咖喱鸡、咖喱牛肉等香味浓郁的菜肴。那么，咖喱究竟是什么呢？

"咖喱"一词源自泰米尔语，意为"许多香料加在一起煮"。咖喱不是单一的物质，而是多种香料的组合物，比如姜黄、花椒、八角茴香、茴香子、胡椒、桂皮、丁香、芫荽籽、薄荷等。

咖喱是多种香料的荟萃，而姜黄是其中的主角。姜黄跟生姜名字很像，样子也相似，同为姜科植物，不过它们来源于不同的植物。咖喱黄黄的颜色就主要来自姜黄。姜黄的根状茎为棕黄色，性温、味辛、苦，闻起来有一种复杂、浓郁的木质香气，混合花香、柑橘香和姜味，尝起来有一点苦味，有一点辣味，是种常见的香辛料。姜黄是食品添加剂中的常客，一些面食、罐头、调味料、膨化食品中都有姜黄的身影。

在我国，从唐朝开始姜黄就作为重要的活血化瘀药物，扮演着破血行气、通经止痛的角色。大家都知道，人体内血管四通八达，犹如地球表面的江河纵横交错，形成了一张网络。江河会发生淤堵，人体血管网络同样会由于各种原因血流迟缓，停滞不畅，这个时候就形成了中医所讲的"瘀"。血瘀最常见的病因就是"气滞"。气滞血瘀，不通则痛，继而各种疼痛就接踵而至了，像心痛、腹痛、胸痛、胁痛，还有风湿肩臂疼痛、跌打损伤的外伤痛，等等。这时候要想缓解疼痛，就需要有个清道夫来帮我们解决气滞血瘀的问题。姜黄善于活血又能行气，能够疏通身体内气血的瘀滞，使身体通道畅通无阻，疼痛自然也就消失了。是不是很厉害？

除了姜黄，花椒、八角茴香、茴香子、胡椒、桂皮、丁香、芫荽籽、薄荷等药材也在咖喱的配伍中大展身手，它们大多有温中散寒之功。

　　你是不是开始疑惑它们到底是食物还是药物呢？其实食物、药物本就是一家，"食借药之力，药助食之功"，药食同源类中药既能做食物又能做药物，所以在食品中可以添加，在药品中也可以配伍。

姜黄

◎ 来　　源：本品为姜科植物姜黄的干燥根茎。

◎ 采　　制：冬季茎叶枯萎时采挖，洗净，煮或蒸至透心，晒干，除去须根。

◎ 性味归经：辛、苦，温。归脾、肝经。

◎ 功　　能：破血行气，通经止痛。

花椒

◎ 来　　源：本品为芸香科植物青花椒或花椒的干燥成熟果皮。

◎ 采　　制：秋季采收成熟果实，晒干，除去种子和杂质。

◎ 性味归经：辛，温。归脾、胃、肾经。

◎ 功　　能：温中止痛，杀虫止痒。

八角茴香

◎ 来　　源：本品为木兰科植物八角茴香的干燥成熟果实。

◎ 采　　制：秋、冬二季果实由绿变黄时采摘，置沸水中略烫后
　　　　　　干燥或直接干燥。

◎ 性味归经：辛，温。归肝、肾、脾、胃经。

◎ 功　　能：温阳散寒，理气止痛。

胡椒

◎ 来　　源：本品为胡椒科植物胡椒的干燥近成
　　　　　　熟或成熟果实。
◎ 采　　制：秋末至次春果实呈暗绿色时采收，
　　　　　　晒干，为黑胡椒；果实变红时采收，
　　　　　　用水浸渍数日，擦去果肉，晒干，
　　　　　　为白胡椒。
◎ 性味归经：辛，热。归胃、大肠经。
◎ 功　　能：温中散寒，下气，消痰。

丁香

◎ 来　　源：本品为桃金娘科植物丁香的干燥花蕾。
◎ 采　　制：当花蕾由绿色转红时采摘，晒干。
◎ 性味归经：辛，温。归脾、胃、肺、肾经。
◎ 功　　能：温中降逆，补肾助阳。

22 "九蒸九晒"
终改性

鲜地黄、生地黄和熟地黄都是地黄的块根。鲜地黄性寒，清热生津；生地黄性寒，清热凉血；熟地黄性偏温，滋阴补血。它们的药性为何会各不相同呢？

说到滋阴补肾，首先被提及的一定是久负盛名的六味地黄丸，其寓泻于补，不偏不倚，是补肾界家喻户晓的明星。地黄丸不是一个人在战斗，它有一个庞大的地黄丸家族，包括知柏地黄丸、桂附地黄丸、杞菊地黄丸、归芍地黄丸、麦味地黄丸、七味都气丸等，它们都是在六味地黄丸基础上的加减方。这些兄弟姐妹个个功力深厚，在各自的领域都能独当一面。地黄丸家族大多以地黄命名，可见地黄是诸方中名副其实的带头大哥——君药，也就是药中君王，在方中起主导和统帅的作用。

地黄是玄参科植物地黄的块根，因地下根为黄白色而得名。秋季，地黄叶片由绿转黄，萎缩，停止生长，根茎渐入休眠期，是采收的好时机；挖取块根，除去芦头、须根及泥沙，便得地黄。

刚被挖出土的地黄为浅红黄色，饱满如山萝卜，名为"鲜地黄"。鲜地黄在产地缓缓烘至八成干，表面渐黄渐黑，变得皱缩不平，被称为"生地黄"。生地黄再经过反复蒸制，才是熟地黄。六味地黄丸中所用的就是熟地黄。

补血第一的熟地黄，药性滋腻，功擅养血滋阴、益精填髓，其作用的发挥源自一场华丽的蜕变，而其中炮制至关重要。如何褪去生地黄的苦涩，制作出"黑如漆、亮如油、甘如饴"的熟地黄呢？

古语有云："九蒸九晒。"生地黄洗净，加黄酒浸透后，平铺至木质笼屉里武火加热，此为第一蒸。头蒸使生地黄发虚发黑即可，收集蒸制出来的药汁备用。蒸后，将熟地黄拿到太阳底下曝晒一天，拌入先前收集的药汁和黄酒，再蒸，取出再晒，如此来回，反复九次，其间不可接触铁器，前后经历三十多天，直至地黄被蒸晒到内外漆黑有光泽，断面滋润，质地柔润有黏性，尝一口，味甘如饴糖，便是成了。

熟地黄外表又黑又短又胖，不太好看，但它是中药界补肾精的一味要药。《黄帝内经》言"精不足者，补之以味"，熟地黄乃味厚填补之品，专擅治阴血、血少、精亏之证。故凡肝肾精血不足见腰膝酸软，须发早白，头晕耳鸣，潮热盗汗等，每恃为要药。而炮制前的生地黄相较之下，补养之力就逊色多了，它更擅长"清"，濡润清凉是生地黄的看家本领。

"九蒸九晒"不仅改变了地黄的外表，还改变了其内在：性由寒变微温；味由苦变甘；功效由清转补。其间变化，在清代药物学著作《本经逢原》里也能找到相关描述："假火力蒸晒，转苦为甘，为阴中之阳，故能补肾中元气。"

早在2006年，中药炮制便被国务院批准列入第一批国家级非物质文化遗产，上文介绍的"九蒸九晒"就是一种古法炮制工艺，又名九蒸九曝、九制，一般用来炮制补品药材。很多中药都可以通过炮制来改变自身药性、功效或者毒性，扬长避短，充分发挥药效，以获得不同的药用价值，这被称为"生熟异用"，地黄就是中药"生熟异用"的典型代表。

地黄

◎ 来　　源：本品为玄参科植物地黄的新鲜或干燥块根。

◎ 采　　制：秋季采挖，除去芦头、须根及泥沙，鲜用；或将地黄缓缓烘焙至约八成干。前者习称"鲜地黄"，后者习称"生地黄"。"生地黄"的炮制加工品为"熟地黄"。

◎ 性味归经：鲜地黄：甘、苦，寒。归心、肝、肾经。
　　　　　　生地黄：甘，寒。归心、肝、肾经。
　　　　　　熟地黄：甘，微温。归肝、肾经。

◎ 功　　能：鲜地黄：清热生津，凉血，止血。
　　　　　　生地黄：清热凉血，养阴生津。
　　　　　　熟地黄：补血滋阴，益精添髓。

23

中药道地性

我们常听人说"道地药材",那么,中药的道地性究竟是什么呢?

《晏子春秋》有言："橘生淮南则为橘，生于淮北则为枳，叶徒相似，其实味不同。所以然者何？水土异也。"这表明生长环境对植物性质的影响。中药也是如此，同一种药材生长于不同的地方，会有药效专长之不同、药效强弱之差异。适宜的生长环境与优良的种植技术造就量大质优、疗效卓著的中药材，其用药历史悠久，是药材中的精品，被称为"道地药材"。简言之，道地药材就是拥有专属产地的优质"明星"药材，好比新疆的哈密瓜、陕西的洛川苹果、南京的板鸭等，具有明显的地域性，一说起来我们就知道哪里的好。

　　历史上道地药材的产区多有变迁。我国自然地理环境复杂多样，不同地区拥有着不同的地形、气候等条件，适宜不同药材生长，目前主要划分为广药、川药、云药、关药等15个道地药材产区。如新会的广陈皮、海南的槟榔、珠江流域的化橘红等，就是著名的广药，属广东、广西南部及海南、台湾等地出产的道地药材。而关药通常指东北地区出产的道地药材，如人参、防风等。

　　中药道地性是经过长期的药材生产与中医临床用药验证总结出来的，临床疗效是确定道地药材的关键因素，在中医临床中拥有核心地位。临床遣方用药不仅要选对药，也要选对产地。重病若使用药效偏弱的药，病情将迟迟不见好转，最后只能耽误病情。俗话说"药材好，药才好"，就是这么个道理。

　　举个例子，大家耳熟能详的川贝枇杷膏，它的主药是川贝母，以四川产的质量最好，价格较高；还有一味与它名称相似的叫浙贝母，以浙江产的为佳，属"浙八味"之一。汉唐以前的本草典籍中记载的贝母只有一种，直到明代《滇南本草》才首次出现川贝母之名。清代的《本草纲目拾遗》中明确记述："浙贝出象山，俗称象贝母。"那同样是贝母，为什么要有川浙之分呢？下面让我们一起看看它们的异同吧。

外观上，两者便有显著差别。川贝分为松贝、青贝和炉贝，体形较小，外层有鳞叶两瓣。松贝的两瓣鳞叶大小悬殊，大瓣紧抱小瓣，未抱部分呈新月形，习称"怀中抱月"。青贝的两瓣鳞叶相对抱合，顶部开裂，叫作"观音合掌"。炉贝表面通常具棕色斑点，称"虎皮斑"，其两瓣鳞叶大小相近，顶部开裂而略尖，称"马牙嘴"。而浙贝外形较川贝大，也叫大贝，它是鳞茎外层的单瓣鳞叶，略呈元宝形，也叫元宝贝，富粉性。

功效及应用上，川贝母和浙贝母都是苦寒之品，都有清热化痰止咳、消肿散结的功效，遇到肺热咳嗽，或痰火引起的瘰疬疮痈肿毒时，川贝母、浙贝母都能大显神通。但这二者并不完全相同。浙贝母较川贝母更寒，就清热作用来说，浙贝母要比川贝母显著；而川贝母带了一些甘味，可以润肺，能对付久咳不愈、阴虚燥咳这些病证，这是浙贝母所不能的。总的来说，川贝母偏于润肺，因其以甘味胜，甘能润，故是治疗肺燥、阴虚干咳的最佳选择；浙贝母偏于清肺，因其以苦味胜，苦能泄，故更适合清热化痰兼散结消肿，用治痰热郁结所致病证。值得注意的是，浙贝母因苦寒之性更强而不能长期使用，不然容易损伤身体。

川贝母、浙贝母，同为贝母，产地各异，有性味、功效上的相似，也有不容忽视的差异，临床选用时并不可因品种一样而混为一谈，需辨证用药，这就是道地药材的重要性。

　　中药道地性是历代中医药人约定俗成的质量评判标准，分清中药的道地性，我们才能更好地运用中药。

浙贝母

◎ 来　　源：本品为百合科植物浙贝母的干燥鳞茎。

◎ 采　　制：初夏植株枯萎时采挖，洗净。大小分开，大者除去芯芽，习称"大贝"；小者不去芯芽，习称"珠贝"。分别撞擦，除去外皮，拌以煅过的贝壳粉，吸去擦出的浆汁，干燥；或取鳞茎；大小分开，洗净，除去芯芽，趁鲜切成厚片，洗净，干燥，习称"浙贝片"。

◎ 性味归经：苦，寒。归肺、心经。

◎ 功　　能：清热化痰止咳，解毒散结消痛。

川贝母

◎ 来　　源：本品为百合科植物川贝母、暗紫贝母、甘肃贝母、梭砂贝母、太白贝母或瓦布贝母的干燥鳞茎。按性状不同分别习称"松贝""青贝""炉贝"和"栽培品"。

◎ 采　　制：夏、秋二季或积雪融化后采挖，除去须根、粗皮及泥沙，晒干或低温干燥。

◎ 性味归经：苦、甘，微寒。归肺、心经。

◎ 功　　能：清热润肺，化痰止咳，散结消痈。